全方位圖解

高齡犬照護

習慣養成×日常照顧×臨終準備，為愛犬設計安心無虞的老後生活

イヌの看取りガイド 增補改訂版

小林豐和／監修
格拉斯動物醫院總院長、帝京科學大學前教授

何姵儀／譯

前言

近年來，狗的平均壽命已有所延長，小型犬約在14歲，中、大型犬約在13歲。狗的壽命高齡化是因為生活環境的改善、飲食內容的提升、獸醫醫療的進步所帶來之效果，而我想這些都是出自於飼主對愛犬付出的關愛。飼主選擇了更好的環境、更好的飲食以及能延長壽命的醫療，讓狗的壽命得以延長。

「健康壽命」這個詞彙也開始出現在狗的世界裡。在人類醫療領域當中，這個詞彙被定義為「日常生活不因健康問題而受到限制，可以正常生活的期間」。延長健康壽命是高齡者醫療的目標之一；同樣地，「健康長壽」也是飼主和獸醫從業人員永恆的課題。健康壽命並不是指身體狀況完全沒有異常。正如日文俗諺「一病息災（意指生點小病的人反而長壽）」這句話，在長壽社會當中，與包括生活習慣疾病在內的疾病和平共處地長生下去，已經被視為是理所當然的事。

除了維持健康壽命之外，本書還側重於提高生活品質（QOL），並提供相關的資訊。從發現狗狗的生活品質下降到與牠告別，這段過程稱為「終末照護」期間。而本書要為大家說明從狗狗年輕時期就要養成的習慣、高齡犬的照料、疾病上的徵兆，以及面對狗狗臨終的方法。

狗往往比人類老得快。一想到年紀漸增的愛犬，難免會感到不安。看到愛犬日漸衰老的樣子，可能會讓人感到悲傷。一旦開始看護牠們，有可能會因為前途未明的未來而日日疲憊不已。坦白說，有些人甚至因為曾經有過「終末照護」的經歷而不想再次養狗。

因此我想以獸醫的立場，來與大家分享一些知識。我們想要提倡ＱＯＬ ｗｉｔｈ Ｄｏｇ，也就是「與狗共度的生活品質」，好讓飼主和愛犬一起生活的時光能夠更加幸福。讓我們準備好減輕終末期的不安、悲傷和疲憊，與愛犬一起度過充滿笑容的每一天。

不管是剛與愛犬相遇的人、享受著美好時光的人，還是正在考慮放手的人，都希望本書能對所有飼主和愛犬的幸福時光帶來助益。

守護狗狗健康的10大承諾

1 請先瞭解到狗狗衰老的速度是人類的5倍

小型犬與中型犬10歲以後、大型犬7歲以後就會進入老年期。所以要好好珍惜有我們同在的每一刻喔（P18）。

2 定期帶狗狗去動物醫院做健康檢查

每年至少要帶我們去動物醫院檢查2次喔。每天在家檢查健康狀態也很重要呢（P36）。

3 喝水量增加時，要懷疑是不是生病了

你可能會覺得我們喝很多水是很健康的狀態。
但要記住，我們水喝太多也有可能是生病的徵兆喔（P78）。

4 瞭解狗狗的尿液與糞便是健康狀況的觀察依據

要是1天沒小便，或是3天沒大便，就要立刻帶去請獸醫檢查喔（P82、84）。

5 體重若是出現變化，請懷疑是不是生病

若體重突然增加或減少，就有可能是生病的徵兆，一定要立刻帶我們去看獸醫喔（P90）。

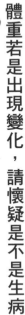

6 仔細觀察狗狗走路的模樣

如果走路時拖著腳，或者頭會上下擺動代表我們的關節可能出了問題（P94、96）。
平常就要注意有什麼異狀喔。

7 摸摸狗狗檢查是否有硬塊

請溫柔地撫摸，為我們梳理或洗澡時也要多摸摸身體喔。
要是發現不自然的硬塊，就要立即帶我們去醫院檢查（P102）。

8 即使出現與年輕時不同的行為，也要溫柔對待

當我們年紀大了，就有可能會出現認知障礙。
或許會很辛苦，但還是要請你陪伴在我們身旁，好好照顧喔（P114、116、118）。

9 決定狗狗的治療方法時，請仔細聆聽獸醫的詳細說明

我們要接受什麼樣的治療，希望能由你來決定。
有些特殊的動物醫院可以提供一般醫院無法進行的治療，也可以考慮看看喔（P132、134）。

10 臨終之時請溫柔送行

我們離開這個世界不是想讓你難過。
請用笑容陪伴我們走到最後（P151）。

目次

前言……002

守護狗狗健康的10大承諾……004

第1章 瞭解狗的一生……013

014 狗狗隨著老化而改變的身體功能
016 終末期的治療至少要做到什麼程度？
018 瞭解狗狗的平均壽命
020 考慮狗狗的健康壽命
022 壓力是長壽的敵人
024 考慮狗狗的生活品質
026 不要放棄！老年期更需要訓練
028 開始「終末照護」的時期
030 COLUMN1 不會對身體造成負擔的減重方法

第2章 居家終末照護……031

032 減輕狗狗痛苦的舒緩治療
034 什麼是居家「終末照護」
036 每天勤於檢查健康狀況
038 設置無障礙空間，打造舒適居住環境
040 隨著季節變化管理健康

042 發揮巧思用飲食管理健康
044 為日常飲食增添變化提高滿足感
046 身體不適時的飲食考量
048 讓狗狗喝新鮮的水
050 幫助狗狗排泄
052 洗澡保持清潔，管理健康
054 保持健康的基本護理
055 保持臉部周圍清潔
056 散步時配合狗狗的步伐
058 走不動也要適度運動以維持身體功能
060 出門之前要準備齊全
062 需看護的狗狗獨自在家時
063 亦可選擇看護設施
064 COLUMN2 適合高齡犬體質的食材

第3章 從行為觀察生病的徵兆……065
066 看診徵兆① 沒有精神
068 看診徵兆② 黑眼珠顏色不一樣
070 看診徵兆③ 眼白或可視黏膜顏色不同
072 看診徵兆④ 有眼屎
074 看診徵兆⑤ 流鼻水
076 看診徵兆⑥ 流鼻血

078 看診徵兆⑦ 大量飲水，尿量變多
080 看診徵兆⑧ 脫毛
082 看診徵兆⑨ 排尿異常
084 看診徵兆⑩ 排便異常
086 看診徵兆⑪ 咳嗽
088 看診徵兆⑫ 呼吸困難
090 看診徵兆⑬ 體重增加或減少
092 看診徵兆⑭ 腹部腫脹
094 看診徵兆⑮ 走路姿勢異常
096 看診徵兆⑯ 背部疼痛
098 看診徵兆⑰ 肛門異常
099 看診徵兆番外篇 各犬種易患疾病
100 COLUMN3 高齡犬如廁訓練

第4章 終末期狗狗的常見症狀及照護……101

102 面對疾病① 體表腫瘤的處置方法
104 面對疾病② 關節疾病的處置方法
106 面對疾病③ 消化系統疾病的處置方法
108 面對疾病④ 循環、呼吸系統疾病的處置方法

110 面對疾病⑤ 泌尿系統疾病的處置方法
112 面對疾病⑥ 生殖系統疾病的處置方法
114 出現與年輕時不同的行為
116 瞭解狗狗的認知障礙
118 如何與狗狗的認知障礙共處
120 面對臥床生活① 打造安心的環境
122 面對臥床生活② 透過每天的呵護
預防褥瘡
124 面對臥床生活③ 排泄的護理
126 如何為「終末期」的狗狗選擇醫院
128 順利到醫院就診的方法
130 萬一要住院
132 瞭解治療方式的選項
134 考慮轉診醫療機構
136 基本的投藥方法① 餵狗狗吞藥錠
137 基本的投藥方法② 餵狗狗喝藥水
138 基本的投藥方法③ 滴眼藥水
139 基本的投藥方法④ 施打皮下點滴
140 狗狗的醫藥費很貴嗎？
141 考慮寵物保險
142 COLUMN4 使用復健設施

第5章 狗狗臨終前後可以為牠們做的事……143

144 終末照護前的心理準備① 臨終前家人能做的事

145 終末照護前的心理準備② 「只能等待死亡」的煎熬心情

146 生命接近盡頭的徵兆

148 安樂死也是選項之一

150 在醫院迎來最後時刻

151 珍惜終末照護的時光

152 狗狗遺體的清理與安置

154 舉辦葬禮告別愛犬

156 COLUMN5 高齡犬美容

第6章 療癒失去寵物的痛……157

158 如何治療喪失寵物症候群

160 為了接受永別之苦的對話

161 回憶有愛犬陪伴的幸福時光

卷末附錄
今日身體狀況紀錄……162
高齡犬標準值數據……164
結語……166

※　本書為2018年出版之《高齡狗照護解剖圖鑑》的增補改訂版。

日文版工作人員

書籍設計：細山田デザイン事務所（米倉英弘）

組版：シナノ書籍印刷（花里敏晴）、小林沙織

編輯協助：ナイスク（松尾里央、石川守延、高作真紀、西口岳宏）、溝口弘美、金子志緒

插畫：伊藤ハムスター

印刷、裝訂：シナノ書籍印刷

第 1 章

瞭解狗的一生

狗狗隨著老化而改變的身體功能

狗狗的基礎代謝大約會消耗70%的總攝取熱量。不過年邁的狗狗因為基礎代謝下降，所以攝取的熱量若是沒有減少，就會非常容易發胖。

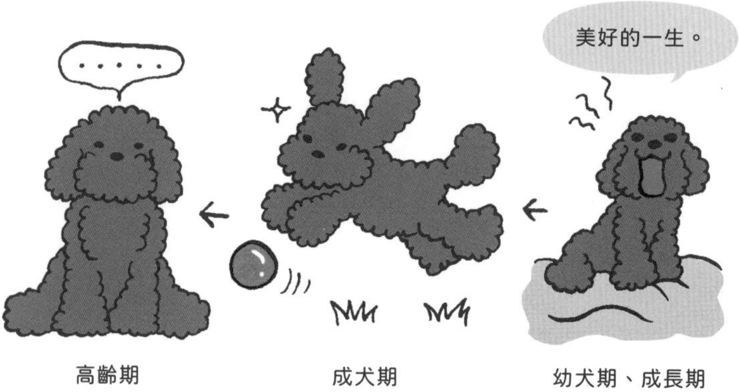

活動量和體型都在慢慢變化的身體

年長的狗會出現各式各樣的衰老跡象。需要注意的變化主要有感官和肌肉的退化、唾液和胃液等分泌物的減少以及關節炎發病的增加。而飼主日常的照顧以及關愛則可以延長狗狗的壽命。家裡年邁的狗狗若是懶得活動，我們往往會把原因歸咎於年齡的關係，但其實髖關節或是膝蓋骨的疼痛也有可能是牠們不動的原因。請切記，這種情況只要讓狗狗接受治療就可以得到改善。生活習慣病往往難以從外觀察覺，既然如此，就讓狗狗定期接受健康檢查吧。

1
記住狗狗健康的狀態

飼主要好好記住狗狗健康時期呈現的狀態，以免錯過任何微小的變化。並且養成檢查牠們眼睛顏色、口腔內部顏色、體表的狀態以及走路方式等狗狗健康情況的習慣（P36）。如果發現異常的狀況，就先拍照或是錄影，方便在獸醫診斷時以供參考。

免疫功能下降

年邁的狗狗免疫功能若是下降，就會非常容易感染疾病或是長出腫瘤。同時消化功能也會跟著降低，因此需要注意腹瀉和便祕的情況。

2
避免肥胖

肥胖可能會引起心臟病以及關節炎。上了年紀的狗狗容易變胖，所以要注意牠們的飲食。

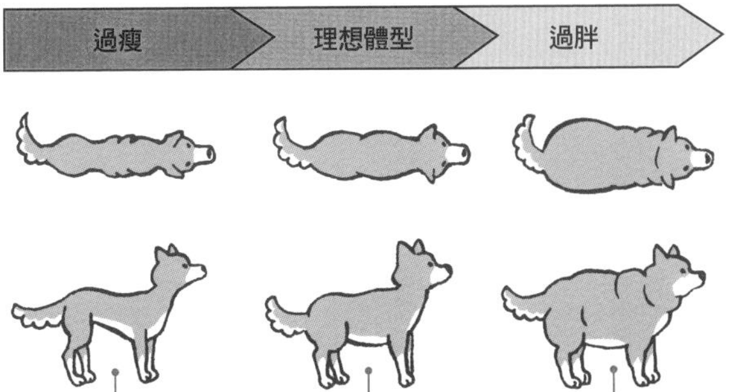

肚子凹陷，一摸就會摸到肋骨。骨頭看起來格外明顯。

腰部曲線分明，肋骨略微覆蓋著一層脂肪。

腹部膨脹，觸摸時完全感覺不到肋骨。後背從側面看明顯隆起。

3
維持肌肉量

包括人類在內的動物只要肌肉的量下降，就會影響到身體功能，壽命也會縮短。不過其實只要配合高齡犬的身體狀況來運動，例如增加散步的次數，但每次的時間縮短，也照樣能夠幫助狗狗維持肌肉量。

保護腿腰

散步固然重要，但上了年紀的狗狗身體功能已經在退化了。所以散步之前先讓狗狗在家裡先玩一會，稍微熱身再出門吧。

終末期的治療至少要做到什麼程度？

就算是巷弄裡的動物醫院，醫療設備照樣齊全。有些還能提供如電腦斷層掃描或MRI等與人類一樣先進的檢查設施。

收集必要資訊，做出不會後悔的選擇

近年來，愈來愈多飼主希望為家中寵物提供完善的醫療服務。現今動物醫療發展進步，能夠進行各種治療。為了替狗狗做出無悔的選擇，「知情同意※（informed consent）」很重要。為了愛犬，飼主也要好好確認治療方針的優缺點。非主治獸醫的第二意見也可以參考看看。全家人一定要好好商量，做出不會後悔的決定。

※　飼主在充分聆聽並瞭解獸醫的治療說明之後，經過審慎考慮並同意之意。

1
合理的治療選擇

要考量「勞力」、「時間」以及「治療費」的平衡點，在無壓力的情況之下繼續狗狗的治療以及看護。選擇對狗狗負擔比較小的治療方法也很重要。

整理狀況

建議將狗狗、飼主、家庭、金錢和時間等基本要素列成清單。這樣不僅能有助於綜合考量，還能順便整理資訊。

2
也可選擇高階醫療

現在連狗都可以接受像電腦斷層掃描、MRI和放射線治療等，與人類相同的高階醫療，讓治療的選擇更加豐富。為了替狗狗選擇最適合的療法，飼主一定要好好聆聽獸醫的說明。

好好討論

飼主在面對看護和終末照護時，難免會感到不安。但是只要和獸醫好好聊聊，解決心中的疑惑，就可以梳理紊亂的思緒。

3
也可以暫時脫離治療或照護

盡量不要自己一個人扛起看顧家中年邁狗狗的工作。狗狗可以暫時委託主治的動物醫院照顧，或者請朋友以及寵物保姆幫忙，畢竟飼主也需要時間好好休息。

如果真的無法照顧的時候

在看護年邁的狗狗時，基本上家中的照顧最為重要。但是若有不可抗力的原因而無法在家照顧的話，也可以選擇狗狗專屬的看護設施（P63）。

瞭解狗狗的平均壽命

現代的狗與人類一樣，也逐漸邁向壽命高齡化。飼主的關愛與醫療的進步讓牠們的壽命得以更加延長。

小型犬：玩具貴賓、吉娃娃、臘腸犬、約克夏㹴、西施犬、博美犬、巴哥犬、蝴蝶犬等

中型犬：柴犬、威爾斯柯基犬、米格魯、鬥牛犬、英國可卡犬、西班牙獵犬、邊境牧羊犬等

大型犬：拉布拉多（尋回）犬、黃金獵（尋回）犬、愛爾蘭雪達犬、秋田犬、德國牧羊犬、阿富汗獵犬等

小型犬的平均壽命是14歲 中、大型犬的則是13歲

隨著獸醫學的發展，以及飲食和環境的改善，狗狗的壽命也日漸延長。以平均壽命來說小型犬約為14歲，中、大型犬約為13歲。

剛開始老化的時期，中、小型犬大約在10歲左右，大型犬則約在7歲左右。此數字雖然會受到犬種和個體差異的影響，不過還是可以參考「狗與人類的年齡換算表」（P19）來瞭解大致對應的年齡。即使進入老化階段，也要注重保養以延長健康壽命，好讓狗狗在壽命終了前仍能過著生氣勃勃的生活。

狗與人類的年齡換算表

中、小型犬過了10歲、大型犬過了7歲之後，就要開始考慮牠們的臨終期生活。

成長時期	換算人類年齡	狗狗年齡	
		中、小型犬	大型犬
幼犬期、成長期 從父母及手足身上學習狗社會的規範、充滿好奇心的時期。性成熟大約在6個月左右，可以考慮進行結紮或避孕手術。	1歲	0～1個月	0～3個月
	5歲	2～3個月	
	9歲	6個月	6～9個月
	13歲	9個月	1歲
成犬期 精神和體力都非常充沛的時期。別忘了維持一年一次的健康檢查。有些犬種可能會出現遺傳上的特徵。	15歲	1歲	
	24歲	2歲	2歲
	28歲	3歲	3歲
	32歲	4歲	4歲
	36歲	5歲	
	40歲	6歲	5歲
成熟期 從這個時期開始每年要做2次健康檢查。因為身體功能開始衰退，容易變胖。	44歲	7歲	
	48歲	8歲	6歲
	52歲	9歲	7歲（高齡期）
高齡犬期 容易讓飼主擔憂的時期。不論是中、小型犬還是大型犬，只要到了「高齡」階段，健康就會較容易出現問題。由於臥床不起等讓飼主無法離開視線的情況增加，故要盡量避免環境變化，或讓狗狗獨自看家，同時還要打造一個安全的居住環境。	56歲	10歲（高齡期）	
	60歲	11歲	8歲
	64歲	12歲	
	68歲	13歲	9歲
	72歲	14歲（小型犬的平均壽命）	
	76歲	15歲	10歲
	80歲	16歲	
	84歲	17歲	11歲
	88歲	18歲	12歲
	92歲	19歲	
	96歲	20歲	13歲（中、大型犬的平均壽命）

※　狗與人類的年齡換算表出處：《獸醫師廣報板　平成21年度版》。
※　平均壽命出處：《一般社團法人寵物食品協會　令和4年（2022年）全國犬貓飼養實態調查》。

考慮狗狗的健康壽命

狗狗年紀大了，身體狀況變差很正常。讓我們重新審視健康壽命的觀念吧。

只要能走、有吃、會如廁就能健康長壽

倘若狗狗一生可以活15年，那麼在7歲的時候就會步入狗狗的中年。此時牠們已經度過大半的生命歷程，許多狗狗會開始出現各種健康問題。

就算心臟不好，只要狗狗能夠自己走路、吃飯、上廁所，此時仍然可以算是在健康壽命的範圍之內；代換成人類的情況，如果只是輕度的認知障礙，或者在飲食和洗澡時需要一些協助，這種程度仍可視為是健康壽命的範圍。基於此概念，盡可能延長狗的健康壽命，就是我們獸醫的其中一個目標。

1
要想早期發現 就要養成健康檢查的習慣

就飼主的立場來看，狗狗身體不適或是生病總是突如其來發生。由於狗無法直接表達自己身體的不適症狀，所以飼主往往難以從日常生活察覺中老年狗常見的生活習慣病。各種疾病若要想在早期就發現，勢必要定期健康檢查。無論是人類還是狗都一樣，關鍵皆在早期發現。從費用的角度來看，預防疾病和及早發現生病都能減輕治療上的負擔。

有時僅靠聽診器 也能發現異常

特別是心臟方面的疾病通常在正式照X光或抽血檢查之前，靠獸醫用聽診器就可以看出端倪。例如從心臟的雜音可以預測心臟衰竭風險，進而在心臟衰竭發作之前延緩病情。所以飼主一定要定期帶狗狗去做健康檢查喔。

2
生活中融入適合 高齡犬的運動方法

為了讓狗狗能夠長壽健康，並且能用自己的腳走路，飼主不妨選擇一些適合年邁狗狗的運動。散步路線也是一樣，可以選擇比起柏油路更柔軟的土壤或是草地，或是縮短每次散步的時間，不過相對增加散步的次數。狗狗要是缺乏運動，肌肉就會漸漸使不上力，這樣反而會讓牠們的生活品質下降。

運動前要先按摩

狗狗的關節會隨著年齡增長而變得愈來愈不靈活，肌肉也會變得僵硬。因此在散步之前飼主最好能沿著脊椎或是手腳的骨頭輕柔撫摸，稍微幫狗狗按摩或伸展關節。如果家中年邁的狗狗有關節炎等問題，不妨向主治獸醫請教幾個按摩的方法吧。

在希望當作廁所的地方 留下狗狗的小便氣味

對於習慣在外散步時上廁所的狗來說，有時會需要一些時間適應在家上廁所。飼主可以試著將沾有狗狗尿液的紙巾放在陽臺等設置廁所的地方，引導狗狗使用。

3
也可以 重新訓練上廁所

狗狗身體一旦開始老化，頻尿現象就會變多，恐怕無法光靠早晚2次的散步就解決尿尿的問題。另外，狗狗要是因為腰腿無力而難以外出散步，那就要開始訓練牠們在家中上廁所了。最好提前開始牠們的排泄訓練，讓狗狗在家中或外面都能如廁。

壓力是長壽的敵人

狗的主要死因有心臟病、腎臟病和癌症，這些可說是因為壽命延長才發生的疾患。

避免壓力和免疫力下降有助於狗狗長壽

過去有許多狗狗因為犬心絲蟲或是感染症而喪命，不過現在可以利用驅蟲藥和疫苗來預防。為了守護狗狗的健康，飼主從日常生活開始就要徹底做好預防措施。

當今狗的主要死因有心臟病、腎臟病和癌症。發病的原因有體質、遺傳、免疫力下降及生活習慣等。而飼主可以做的，就是提供壓力較少的生活環境，並且想辦法防止狗狗免疫力下降。可以參考本書第2章，及早為家裡的狗孩子布置舒適的生活環境。

1
會影響壽命的壓力

一般認為會對狗狗心靈造成負擔的精神壓力也會影響牠們的壽命。因此飼主要改善生活環境以及與狗狗的互動方式，盡可能減輕牠們的精神壓力。

飲食也要注意

飲食生活也會影響壓力。營養均衡固然重要，不過飼主可以稍微花點巧思，在飼料裡添加狗狗喜愛的配料（P44），增添進食的樂趣。

2
防止意外事故

在室內的事故要注意是否會造成狗狗骨折或誤食的狀況。有時眼睛不適也會讓狗狗經常撞到東西，因此會影響狗狗動線的物品一定要收拾乾淨。在室外的話務必給狗狗繫上牽繩，以防逃脫或發生車禍等意外事故。根據日本的法律和規範，原則上是禁止放養。

防止跌倒

木頭地板容易打滑，對狗狗來說非常危險。但是只要鋪張軟木地墊或材質有彈性的地毯，就能防止意外發生。

飼養在室內與室外的壽命差異？

只要做好防範暑熱或是寒冷的措施以及預防管理，確保飲食的良好品質的話，據說狗狗的壽命並不會因為飼養在室外而減短。

3
讓狗狗情緒穩定的居所

無論狗狗是飼養在室內或室外，都要為牠們打造出舒適的居住環境。而最好的地方，就是不會引人注意的安靜角落。同時還要確保牠們能夠自由活動的空間。

當「看門狗」會有壓力

頻繁地與陌生人接觸、和看門狗沒有兩樣的飼養方式，對狗狗來說可能會造成壓力。若想調適狗狗的壓力，勢必要為牠們準備能夠安心的空間。

考慮狗狗的生活品質

先瞭解「與狗共度的生活品質」之概念，讓狗狗和人類一起幸福生活。

一起相處的幸福，終末期狗狗與人的關係

說到生活品質（QOL），飼主往往只專注於狗狗的需求。長期看護和治療高齡犬時，需要的並不是飼主的自我犧牲。近來，有些飼主因為照顧家中年邁的狗狗而疲於奔命。這時候需要的是能與狗狗在一起、會帶給人們幸福的理念，那就是「與狗共度的生活品質（QOL with Dog）」。對狗狗來說，飼主的笑容是牠們的活力來源。為了讓狗狗擁有幸福的晚年，身為飼主就要好好考慮彼此的生活品質，讓今後的時光和以往一樣快樂。

1 尊重狗狗的個性

摒棄先入為主的觀念，瞭解愛犬的需求和喜好。要是狗狗不良於行，那就試試使用輪椅，雖然需要些飼主的巧思。散步時盡量縮短時間，並且配合狗狗的步調，放慢腳步。

多少有些異常是很自然的

年邁的狗狗多多少少會有一些身體上的不適，這是很正常的情況。因此飼主要盡量讓愛犬擁有保持自信的生活。

舒緩治療的用意

舒緩治療是優先處置已經出現的症狀。以肺癌為例，治療方法並非針對癌症本身，而是以讓狗狗呼吸更順暢，改善脫水症狀為治療的目標。

2 考量生活品質來選擇治療方法

狗狗生病時通常會有許多方法可以治療。也可以與舒緩治療一起進行。治療以及住院期間長短、是否需要在家治療等，不管是採取什麼方法，都可以與獸醫商量過後再選擇。

飼主能做的事

最瞭解狗狗的，莫過於多年陪伴在牠們身旁的飼主。將狗狗的健康狀況及變化告知獸醫，再來決定照顧的方法。

也可以諮詢獸醫

如果擔心家中年邁的狗狗，也可以找主治的獸醫諮詢商量。否則狗狗也會被飼主的焦慮不安心情所影響。

3 飼主偶爾也要休息一下

也請飼主不要硬撐，適時休息也很重要。就算會給狗狗帶來負擔，也要建立能夠開口對狗狗說「稍微忍耐一下喔」的相互理解關係。

不要放棄！老年期更需要訓練

透過狗狗之前不擅長的「腳側隨行」等訓練，
來加深彼此的羈絆。

透過訓練
重新建立信任關係

正因為是個性穩定的高齡犬，才有辦法接受「腳側隨行」（狗緊貼在人的身旁行走的行為），變得可以與飼主一起悠閒地散步。那些在狗狗年紀輕時不容易做到的事情，就讓牠們在這時期再次挑戰吧。

透過訓練能加強飼主與狗狗彼此間的連結，重建信任關係。除此之外，當人跟狗之間的羈絆加深，在家共度的時光也會變得更加幸福。

利用嗅聞作業訓練
讓狗狗善用嗅覺

利用狗的鼻子來工作或玩耍稱為嗅聞作業（nose work）。狗的嗅覺是少數即使年老也能派上用場的身體能力之一。因此可從比較簡單的益智拼圖等開始，盡量讓狗狗多體驗「我做得到！」的滿足感。

1 益智玩具的腦力訓練

只要善用狗狗的益智玩具，就能針對頭腦加以訓練，有效預防認知障礙。大多數的益智玩具都是讓狗狗在拼圖式玩具中尋找被隱藏起來的點心。飼主可以先準備好獎勵，讓牠們盡情玩耍。

2 在不平坦的表面行走復健

當年邁狗狗的體力下降或是害怕受傷，牠們外出散步鍛鍊四肢的機會難免會減少。為了讓狗狗安全地在家中進行腿部和腰部的復健，飼主可以試著讓狗狗從伸縮桿底下鑽過去，或者讓牠們在捲起來的毛巾、床墊等表面較不平穩的物體上行走。

用捲起來的浴巾
做成腳踏墊

在沙灘等柔軟不穩的地面上行走不僅能防止狗狗受傷，還能鍛鍊牠們的腿力。在家裡的話可以把捲起來的浴巾排成一列，當作步道讓狗狗行走也是個不錯的方法。

只要願意挑戰
就盡量稱讚

「擊掌」之類的互動是最適合加深與高齡犬羈絆的遊戲了。只要狗狗順利做到了，飼主就要積極給予稱讚喔。

3 透過訓練讓彼此心靈相繫

與飼主再次挑戰「擊掌」或「腳側隨行」等活動，對年邁的狗狗來說不僅是有益腦部和身體的運動，還能加深與飼主之間的感情。只要可以順利進行這些遊戲和交流方式，就能與上了年紀的狗狗度過愉快的時光。

開始「終末照護」的時期

終末照護是指當發現狗狗的生活品質開始下降時，為了讓牠們的生活得更加舒適而提供的照顧方式。

當發病讓生活品質下降就要開始終末照護

狗狗每年都會到動物醫院接種狂犬病疫苗，特別是過了7歲之後。因此飼主一定要趁這個機會讓狗狗做健康檢查，才能早期發現疾病。如果能夠早期發現，就可以及早進行適當的治療。生活習慣病雖然難以根治，但仍有療法可以延長狗狗的健康壽命。人類的健康壽命是指即使生病，也能在不依賴他人幫助之下生活的期間。對狗來說也是一樣，如果發現生活品質因疾病而開始下降，就代表在接受治療的階段也要開始準備終末照護。

1 以狀態而非年齡來判斷

狗狗出現老化的年齡有個體差異，所以要根據狀態來判斷。即使飼主希望牠們永遠保持年輕健康，但狗狗終究會慢慢老去，因此接受老化是不可避免的事情。

接受老化

每隻狗的老化速度和程度都不同。因此要瞭解狗狗的狀態，並且思考如何與牠們多相處一段時間。

2 健康檢查有助早期發現

過了7歲之後，就讓狗狗每年接受2次健康檢查吧。狗的生命速度過得比人類還要快，因此每年2次健康檢查換算成人類的話，其實相當於每2至3年做一次。狗狗一旦生病，病情發展的速度也會很快，要多加留意。

靠日常生活來維護健康

狗的健康來自於日常生活的累積，因此要注意飲食生活，避免讓狗狗變胖，確保對狗狗有益的生活條件。

3 年邁的狗狗若生病，以維持現狀為佳

狗狗在中高齡時期若是生病，獸醫通常不會要求完全治癒，而是以維持現狀為目標來進行治療。要知道，年邁的狗狗有病痛屬於正常的情況。只要妥善應對，就算是終末照護。

身體發出來的訊號

毛髮、體型、腳、尾巴等部位都能看出老化的跡象。像是掉的毛髮變多、出現白髮、毛髮失去光澤、背部彎曲、肌肉量減少、無法用力站立、尾巴無力、不會搖尾巴等都是。

COLUMN

1 不會對身體造成負擔的減重方法

肥胖是「萬病之源」。隨著年齡增長，年紀大的狗狗體力也會下降，因此更需要注意肥胖問題。年輕時就開始注意牠們的體重管理固然重要，但在進行減重時也要特別注意，盡量不要對狗狗的身體造成負擔。

合理的減重目標是每個月減少的重量控制在體重的5%以內，而不是一口氣減下來。在達到目標體重之前，建議花上3到6個月的時間來進行減重，這樣的減重進度較為合理。除了注意飲食的熱量，狗狗一天的食量也可分為3到6次少量餵食，這樣就能降低相同熱量的吸收率。此外，餐前也要根據狗狗的健康狀況安排適當的運動。

需要注意的是體重的單位。我們人類通常會以1kg為單位來考量，但狗不一樣。例如對體重5kg的狗來說，100g就相當於體重50kg的人的1kg。因此狗狗的體重要以50至100g為單位來管理。此外，為了要減少飲食的熱量，飼主往往會調降狗狗的食量。然而，除了注意熱量，應該也要替食材增加變化，而盡量不要減少食量，要讓狗狗吃飽才能享受到吃飯的樂趣。

第 2 章

居家終末照護

減輕狗狗痛苦的舒緩治療

舒緩治療不是以治癒或是延長壽命為目標的積極治療，而是旨在以照顧身體和心理上的痛苦為首要的考量。

在熟悉的家中進行照護的舒緩治療

舒緩治療是為了減輕狗狗因為生病伴隨而來的不適以及疼痛，讓牠們在餘生中能夠幸福度日。對於年紀漸長的高齡犬來說，與其因為住院而長時間與飼主分離，不如讓牠們在熟悉的家中度過或許會更加幸福。因此可以利用日益普及的出診醫療服務，以及可以連接網路的監視設備等，擴大居家舒緩治療的範圍。

1
尋找提供出診醫療服務的獸醫

要是狗狗已經爬不起來，這時連去看醫生也是一種折磨。對於這樣的年邁狗狗，委託獸醫提供出診醫療服務或許會比較好。人類的老年人看醫生通常以出診醫療服務為主流，近幾年專門為年邁狗狗提供出診醫療服務的獸醫也慢慢在增加。飼主可以向主治獸醫確認看看是否有提供出診醫療服務。

利用網路隨時諮詢

提供出診醫療服務的獸醫通常可以通過網路或電話預約。只要支付指定的出診費用，獸醫就會前來看診。此外，網路上也有24小時提供服務的諮詢網站。若是感到不安，不要獨自悶在心裡，盡量試著找人商量看看。

2
利用IoT加以監測，如有異常就立即聯絡獸醫

隨著IoT※技術的普及，即使飼主外出，也能隨時察看家中年邁狗狗的一舉一動。例如在籠子附近安裝監視攝影機，或者將穿戴式裝置當作項圈佩戴在狗狗脖子上，以便測量牠們的呼吸和體溫。這些運用嶄新科技的實用工具正日益普及。建立家中年邁狗狗健康狀況出現異常，就能立即連繫獸醫的系統也很重要。這一切準備都是為了以防萬一。

※　為「物聯網」。可以連接智慧型手機的寵物用品也有增加的趨勢。

安裝監視攝影機要注意角度

外出時可以掌握家中年邁狗狗狀況的監視攝影機固然方便，但也要注意隱私洩漏的風險。盡量不要拍到家裡內部，鏡頭只需要對準籠子就好。

3
飼主和獸醫的橋梁，寵物保姆

舒緩治療往往涉及高齡犬看護，飼主若是獨自承擔，會非常容易演變成看護疲勞。因此像散步或是上廁所之類的照顧不需要事必躬親，借助寵物保姆的幫助也不失為一個好選項。而且近年來，有些寵物保姆的服務內容還擴大到替飼主帶狗狗就診或接送等代勞服務。寵物保姆能作為飼主和獸醫之間的橋梁。因此工作繁忙而無法帶愛犬去看獸醫的飼主，需要時不妨將此選項列入考慮。

與寵物旅館的差異

飼主帶愛犬到專門的住宿設施寄宿的地方稱為寵物旅館。不過為了讓上了年紀的狗狗在熟悉的家中度過，選擇寵物保姆或許較能減輕狗狗的壓力。不過如此一來就會有陌生人在家裡進出，要留意年邁狗狗對此情況的感受喔。

什麼是居家「終末照護」

年邁狗狗的日常起居要根據身體狀況來調整。在終末照護中，維持身體剩餘的功能相當重要。

藉由改善環境來維持生活品質

中高齡犬往往會罹患讓身體功能逐漸衰退的慢性疾病（第4章）。這些疾病往往難以完全治癒，因此維持狗狗剩餘的身體功能，根據狀況妥善地與疾病和平相處就顯得十分重要。有時還有必要依照症狀來限制狗狗的飲食或是運動，因此請飼主與獸醫詳細商量看看吧。原則上只要改善環境、提供行動時的協助，維持愛犬的生活品質就不成問題了。為了讓在家終末照護的時期也成為一段幸福的時光，身為飼主的我們一定要事先做好萬全的準備。

1
食物和水需要用心準備

飲食的內容要根據狗狗的年齡以及健康狀態來選擇。另外，吃飯的次數及給食的方式也要多花些心思（P42）。飲用水要保持新鮮，並且放在狗狗隨時能喝到的地方。放在高一點的碗架上，狗狗在喝水的時候會更方便。

無法站著吃飯

此時建議「以手餵食」，食物可以放在手上給狗狗吃。水的話可以用針筒或盛裝沙拉醬的容器來餵食。

2
根據身體狀況調整運動

有心臟病的狗狗限制運動的程度要隨著病情來調整。如果狗狗得了椎間盤突出，有時會需要一段完全靜養期來讓牠們好好休養，因此要先向獸醫確認適當的運動量及方法。

身體出狀況，在過了靜養期後

完全靜養期結束後，再與獸醫商量，並重新開啟對狗狗身體比較不會造成負擔的運動。

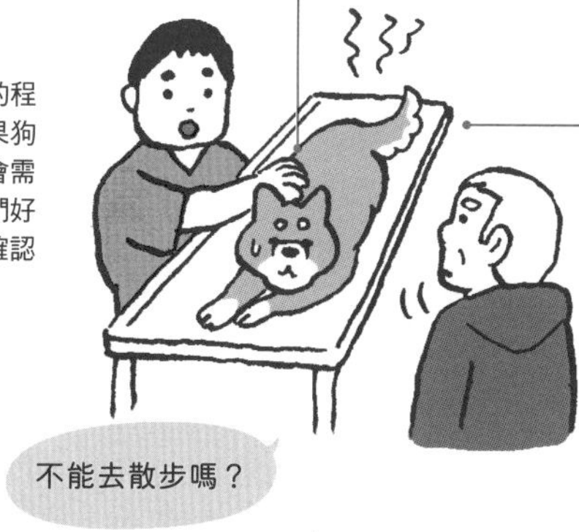

每天都要顧及飲食與運動

如果運動不足再加上營養失調的話，狗狗的肌力就會在短時間之內下降。這兩者是無法在短期內改善的，因此每天的累積相當重要。

3
舒適的睡眠從睡床開始

狗狗一旦上了年紀，睡眠時間會愈來愈長，所以最好為牠們準備一張具有緩衝性的床或是高性能的墊子。此外也要考量到狗狗睡覺地方的溫度高低喔（P40）。

睡床要保持清潔

要是沾上脫落的毛髮、口水及皮脂，就會非常容易滋生細菌，因此要勤於清洗及更換。

每天勤於檢查健康狀況

為了及早發現疾病，最好每年帶狗狗去動物醫院健康檢查2次，在家也要天天檢查。

檢查「體溫」、「食慾」和「狀況」

若要注意到狗狗身體不適的徵兆，那就不可忽視任何細微的變化。其中最重要的項目是體溫。狗狗身體不適非常容易表現在體溫上，通常體溫在感染的初期階段會上升；如果狗狗的心臟或是血液循環突然變差，或者脫水情況嚴重，體溫就會下降。耳根等沒有毛髮覆蓋的部位是容易感覺到狗狗體溫高低的地方，只要觸摸就可以察覺體溫的變化。此外，狗狗有沒有食慾、是否有喝水等整體狀況也要仔細觀察。

察覺變化

每日健康狀況檢查表

只要出現一個症狀，就要帶狗狗去醫院檢查。

- ☐ 不太願意動→ P66
- ☐ 耳朵根部冰冷／溫熱→ P67
- ☐ 黑眼珠與眼白的顏色有異→ P68、70
- ☐ 流鼻水或流鼻血→ P74、76
- ☐ 頻繁地喝水、常常上廁所→ P78
- ☐ 有左右對稱的脫毛→ P80
- ☐ 超過1天未小便→ P82
- ☐ 便祕超過3天→ P84
- ☐ 小便或大便的顏色和氣味與平時不同→ P82、84
- ☐ 看起來呼吸困難→ P88
- ☐ 體重在1個月內增加／減少了5%→ P90
- ☐ 走路的樣子很奇怪→ P94
- ☐ 整天都沒有進食→ P106

設置無障礙空間，打造舒適居住環境

為年邁的狗狗布置房間以防意外事故發生

為年老的狗狗打造安心的環境很重要，因為牠們的體力會隨著年齡增長而下降，腰部跟腿部也變得衰弱。要是牠們還有認知障礙的話，有時候還會出現異於年輕時期的行為，例如來來回回地徘徊等。因此，滑倒、摔倒或碰撞等意外都有可能會在室內發生。即使家中看似小小的高低差，對年邁的狗狗來說也有可能成為障礙。為了預防意外發生，飼主一定要為愛犬盡量打造舒適的空間。

狗狗視力若是衰退的話，為了讓牠能有安全、安心的生活，請盡量不要改變屋內家具的位置。

2 如何打造安全又安心的房間

控制室內溫度

年邁狗狗的身體難以自行調節體溫，所以要善用空調，保持適當的溫度※。確認並量測狗狗所待著的地方溫度是多少吧（P40）。

沙發旁放置坡道

狗狗因肌肉力量開始衰退，沙發等有高度落差的地方不僅會對身體造成負擔，還有跌落的危險，因此要放置坡道，方便狗狗爬上去。

養成在室內也能排泄的習慣

狗狗的年紀愈大，尿尿的次數就會跟著增加，原本只在戶外排泄的狗狗若能慢慢習慣在室內上廁所，牠們生活起來也會比較安心（P51）。

小心低溫燙傷

高齡犬五感會變得遲鈍，躺著不動的時間也變多，如果長時間待在暖墊上的話可能會導致低溫燙傷。因此可以讓整個房間保持溫暖，並將電熱毯的溫度調低一些就可以了。

狗碗應注重穩定性

狗碗的位置不用改變，只要避免讓狗和狗碗滑動就好。亦可使用碗架，讓狗狗以舒適的姿勢進食。

舒適的放鬆空間

狗狗睡覺的地方應該設置在容易控制溫度、飼主能隨時發現異常的地方。為了保持清潔，最好選用容易清潔髒汙的材質。

外出時狗狗要關在圍欄裡

短時間外出或只要在家時狗狗不在視線範圍內，為了安全起見，就盡量把牠們關在圍欄裡。

打造能安心放鬆的場所

要為狗狗布置不受打擾，能夠悠閒待著的地方。小狗時期如果已習慣進入狗籠，那麼籠子也可以成為可以放鬆心情的空間。

家具的尖角貼上保護貼

要格外留意狗狗因為不慎碰撞而受傷，以防萬一，在家具尖角等突出的地方一定要貼上桌角保護貼。

樓梯要裝圍欄，不讓狗狗上去

年輕的時候雖然可以上下樓梯，但若是肌力開始衰退，稍有不慎就會發生跌落意外，非常危險，所以要在樓梯前裝個圍欄，盡量不要讓狗狗爬上去。

防滑的地板材質

為了不增加狗狗腰跟腿部的負擔，地板要盡量選擇軟木或是軟墊的材質。地毯的話因為絨毛是呈圓圈狀，容易被爪子鉤住，所以盡量不要使用。

垃圾桶加蓋，防止誤食

當狗狗因為認知障礙等症狀而導致其行為出現變化時，可能會做出過去不曾出現過的動作。為了防止誤食，家裡的垃圾桶最好加上蓋子。

※ 指不會太熱、也不會太冷的溫度。

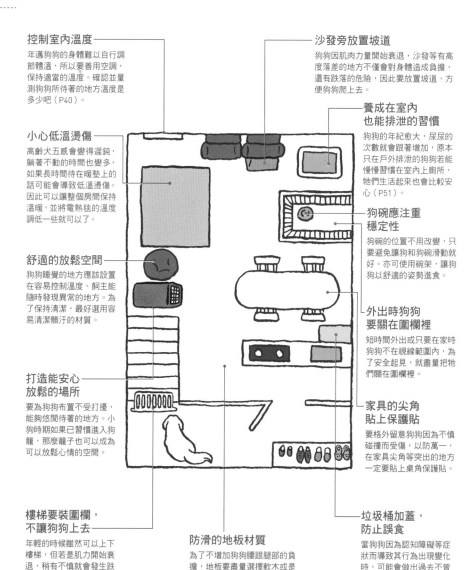

隨著季節變化管理健康

對狗狗來說感覺舒適的溫度會比人類來得低，因此要瞭解狗與人的感受相差多少。

年邁的狗狗不易察覺溫度的變化

炎熱的夏季和寒冷的冬季就利用空調來聰明調節溫度。當狗狗上了年紀之後，身體調節體溫的功能就會隨著衰老而下降。因此夏天的時候要為牠們將室溫調到25～26℃，冬天的話建議調到約22～23℃左右。但即使將空調設定在這樣的溫度區間，房間整體也未必全部都是相同溫度。重點在於溫度計要放在狗狗平常會待著的地方，以便隨時確認溫度。另外，冬季也要注意乾燥問題，需要時可以放台加濕器，盡量讓室內的濕度維持在50％上下。

洗澡的重點

淋浴時的水溫要調控在32～33℃左右。不要用指甲去出力抓洗，而是要像按摩般用指腹搓洗。

1 中暑有七成是在家中發生

中暑非夏天專屬的意外，也有可能因冬天的暖氣或是在狗狗洗澡的時候發生。另外，家中的愛犬如果有呼吸系統方面的疾病也會很容易中暑，因此要多加留意室內的溫度和濕度。

2 冬天要注意低溫燙傷

狗狗身上有覆蓋著一層毛，皮膚的結構也與人類不同，若是發生低溫燙傷，飼主往往不容易察覺狗狗受傷了。若是發現狗狗有低溫燙傷的狀況，記得先用水冷卻患部，再立刻帶去動物醫院就診。

外出不在家時

若必須在炎熱的日子外出，而得讓狗狗獨自看家時，要記得拉上遮光窗簾，開啟冷氣，以防止室溫上升。

鋪「一半」就好

電熱毯不必鋪滿整個籠子的平面，要留一半空間。這樣狗狗若是覺得太熱就可以自己移動到旁邊。

3 即使狗養在室外夏冬季也要到室內

對於年老或體力衰弱的狗狗來說，夏季和冬季的戶外氣溫條件相當難熬。如果是飼養在室外，那就帶牠們到可以利用空調等設備控制溫度的室內。

減少負擔

即使是飼養在室外的狗，在夏天和冬天也應該要讓牠們進入玄關等可以避暑或是可以保暖的地方。這樣就能減輕酷暑及寒冷對牠們造成的負擔。

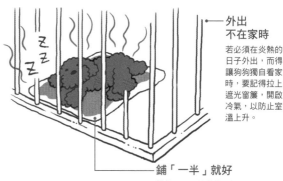

發揮巧思用飲食管理健康

在平常的飲食中就要增加水量，或是改為濕食，
讓年邁的狗狗更容易進食。

配合高齡犬的身體狀況善加調整飲食

減少每餐的分量、增加進食的次數，以減輕狗狗胃腸的負擔。這樣的飲食管理方式對年邁的狗狗來說好處多多。每餐少量餵食，對腸胃的負擔比較小，就算是消化功能較差、一次吃下的飯量不多的狗狗，只要準備少一點的分量讓牠們吃完，照樣能夠攝取到所需的營養。

除此之外，增加狗狗進食的次數還可以降低牠們每次吸收的熱量，有助預防肥胖。

1 一天分3～5次少量餵食

建議每天餵食3～5次，分量可以少一點。狗狗上了年紀之後唾液的分泌量會減少，吞嚥能力也隨之下降。因此飼料可以用等量的水泡軟，好讓家中的年邁愛犬更容易吞嚥。

預防腸胃疾病

尋回犬種、聖伯納犬等大型犬，以及臘腸犬的腸胃會隨著年齡增長而有胃擴張或胃扭轉等風險。但是只要每餐的分量少一點，就可以預防這種情況發生。

AM 7:30
AM 10:00
PM 2:00
PM 5:00
PM 8:00

2 吃飯時搭配碗架和餐墊會更方便進食

狗狗吃飯的速度如果變慢，可以準備能讓牠以舒服姿勢吃飯的碗架，如此一來有助於減少頭部以及腰、腿部的負擔，即使是吞嚥力減弱的年邁狗狗也能順利進食。至於高度，調整至站立時只要稍微低頭即可進食的程度就可以了。狗狗的腳底如果會打滑就鋪上墊子。

好吃、好吃。

碗架的基本條件

每個製造商生產的碗架尺寸和材質各有不同。日本的價位大約落在2,000至6,000日圓左右。

3 如果食慾不振或無法吞嚥

狗狗食慾如果變差，就不會想吃碗裡的飼料。在這種情況之下飼主就要幫忙餵食。家中的愛犬無法吞嚥時，可以先將食物泡軟，裝入日式美乃滋瓶等軟塑膠容器之中後再餵食。

選擇容器

市面上售有專門餵食的針筒，不過軟塑膠材質的調味瓶瓶口較大，容易裝食物，因此也相當好用。

為日常飲食增添變化提高滿足感

只要一天之中有八成的熱量來自狗飼料，剩下的兩成就可以搭配對身體有益的其他食物。

滿足狗狗在進食時的樂趣

狗本來的飲食習性是咬碎獵物的肉和骨頭來進食，如果愛犬的牙齒健康而且食慾良好，那就偶爾給牠一些有嚼勁的食物，需要花費時間的進食能為牠們帶來滿足感。

若是食慾因為生病以及老化而下降的狗狗，則適合吃一些顆粒比較小、口感柔軟、容易吞嚥的食物，這樣在吃的時候也會感到比較安心。此外，食物加熱過後也可以提升風味、增進食慾。飼主不妨發揮一些巧思，讓狗狗享受飲食的樂趣吧。

1

以肉類和魚類來攝取蛋白質

年紀大的狗狗需要攝取優質的蛋白質，因此有時候可以餵食雞胸肉或是瘦肉。分量方面，以一天總熱量的兩成為基準。若能連同湯汁一起淋在狗食上的話，相信狗狗會吃得更加津津有味。但如果是腎功能下降的狗狗，那就要找主治獸醫商量飲食規劃。

烹調肉類和魚類

肉切成一口大小，用比較多的水煮熟，並且確保內部完全熟透。煮好後放在狗食上。如果還有剩就冷凍保存起來。魚的話可以先加熱後去骨，或用壓力鍋烹煮。

2

蔬菜要切碎

蔬菜對狗來說比較不好消化，所以餵食的時候要切得細碎些，並且煮至軟爛，或是打成蔬菜泥也可以。即使吃的蔬菜分量不多，還是可以幫助狗狗補充維生素和礦物質。

有助於保養關節

山藥和秋葵中含有保養關節的成分，可以將磨好的山藥泥與燙熟切碎的秋葵拌在一起。只要淋在狗食上，就能成為強健關節的營養狗食。

3

在維持體重的同時滿足吃的樂趣

狗狗有時候會因為身體狀況而不吃狗食，甚至因此而變得消瘦。所以飼主在確保營養均衡的同時，也要重視狗狗進食的樂趣。若能改為自製狗食，也不失為好方法之一。

做成湯狀更容易進食

將切成骰子狀的豆腐放入熱水中，做成湯豆腐。或者直接打個蛋花，煮成湯之後淋在狗食上。有了湯湯水水，就算是上了年紀的狗狗也能輕鬆食用。

身體不適時的飲食考量

年邁的狗狗身體若是不適，就要為牠準備方便入口的食物。

有時候容易食用才是首要的重點

年紀大的狗狗食慾不佳時，要優先考量食物的易食性。看到愛犬無精打采，飼主難免會感到擔心。雖然固然能理解平常對營養均衡非常注重的飼主心情，但有時乾脆給狗狗牠愛吃的食物也是不錯的方法之一。食慾下降的情況如果只是短期，那麼暫時忽略營養均衡其實無妨。另外，除了營養，更別忘記幫狗狗補充水分喔。

1

狗食如果加熱過，狗狗說不定會願意吃

身為飼主，大家是否曾注意到這件事——狗狗若是不吃平常的狗食，搞不好是食慾不振所造成。遇到這種情況，可以先試著將狗食加熱。如果是「乾飼料」，先浸水泡軟再加熱；如果是餵「濕食」就直接微波，稍微加熱。加熱後食物氣味會變重，就算是平時吃的普通狗食，狗狗說不定也會願意吃。

試著微波或淋上雞肉的煮汁

溫熱狗食時不要只是用水泡軟，要稍微花些心思，像加入煮過雞肉的熱湯汁效果就不錯。只要狗狗肯吃平時的正餐就再好也不過了。

2

試試簡單的自製狗食

對於不願意吃狗食、食慾變差的年邁狗狗，試著親手製作容易進食的食物給牠們吃也是一個不錯的選擇。如果只是短期，那就準備一些稍微汆燙就可以食用的雞胸肉或馬鈴薯等簡單餐點就好。稍微燉煮甚至做成粥，狗狗吃起來也會更加順口。

切碎食用更順口

狗狗狀況若是良好時，就算是大塊的食物也嚼得動並能吞下肚；但如果身體不適，就要幫牠把食物切成小塊再餵食。這時候建議切成狗狗可以一口吃下去的大小。

3

最重要的是補充水分

比吃飯還要重要的，就是補充水分。即使狗狗沒有食慾，也要讓牠們補充足夠的水分。若是無法補充水分，身體衰弱的速度就會加快。準備湯汁較多的狗食，讓狗狗吃飯的時候順便補充水分當然也有效果，但是飲水量若是明顯減少，就要在出現脫水症狀之前詢問獸醫。

喝太多水也要注意

飲水量減少固然嚴重，但相反地，如果飲水量明顯過多，或者沒有食慾卻只顧著喝水的話，就有可能是疾病的警訊。這種情況也請儘早諮詢獸醫。

讓狗狗喝新鮮的水

對於年邁的狗狗而言，攝取足夠的水分和飲食都一樣重要。為狗狗打造一個可以隨時喝到水的環境吧。

容易脫水的高齡犬要少量多次給水

年邁的狗狗會因為腎功能下降，導致水分保持能力減退而容易脫水。狗的體內一次能吸收的水量不多，大約是人類相同體重的三分之一。如果飲水量下降，那就要設法讓牠們多喝水。不過一次喝太多水的話可能會導致軟便，因此建議比照進食方式，少量多次會比較安心。狗狗的飲水量深受運動量以及外界溫度的影響，飼主再根據當天的情況來調整吧。

1 讓狗狗方便喝水的方法

狗狗要是上了年紀，通常會變得不太願意起身活動，這樣可能會影響牠們的飲水量。可以在狗狗常待的地方附近放水碗或是飲水器，讓牠隨時都能喝水。

給水器也可以

可以將給水器掛在狗籠上，如此一來還能方便飼主測量飲水量。

2 如果無法自己喝水就用滴管

無法自行飲水的狗狗可以利用滴管、針筒或空的調味瓶來幫助牠們喝水。飼主餵的時候可以讓狗狗趴著或者橫躺，用手撐住脖子的部位，再將餵水器的前端放入口中慢慢讓牠們喝下。

規律給水

狗狗如果無法自己喝水，那就在早上、吃飯後、午睡後等固定的時間餵牠們喝水。

3 用調味水來確保飲水量

狗狗的飲水量如果比較少，那就讓牠們喝脂肪含量比較低的肉湯，或者是加入少量牛奶的水。也可以將食物煮成粥狀來增加水分的攝取量。

年紀大的狗狗容易口乾舌燥

當唾液分泌量一旦減少，就會導致口乾舌燥，食物也會變得難以吞嚥。

幫助狗狗排泄

若是覺得狗狗的排泄狀態或是次數和平時不一樣，就要儘早帶去動物醫院檢查。

從排泄物的狀態檢查健康情況

狗

狗大便的「硬度」、「顏色」和「氣味」都要仔細觀察。排泄物會因為飲食和運動量的不同而有所變化。運動量一旦減少，腸道蠕動的程度就會變弱，因而容易引起便祕。狗狗要是有便祕的狀況就要積極補充水分。另外，檢查排泄物也是瞭解狗狗健康狀況的重要方式。

家中的愛犬排便時的樣子也要仔細觀察，要是站不太穩，飼主就要在旁邊幫忙扶住狗狗。

1 幫助狗狗站起來

狗狗腰與腿部若是無力，往往不容易靠自己的力量站起來。如果從旁協助可以幫助牠站起來的話，那就用雙手牢牢支撐著狗狗的身體。

從後面扶著腰部

飼主在協助狗狗排泄時，要從後方支撐牠的腰部，並且還要設法不讓狗狗憋住便意不排泄。

2 排尿狀況也要確認

在狗狗尿尿之後，留在尿墊上的「顏色」和「氣味」也要仔細觀察。如果狗狗是會在室外小便的類型，那就在牠排尿前先鋪上一張白色面紙，這樣就能看清楚顏色了。

尿液顏色參考指標

淡黃色是健康的顏色。如果是橘色、紅色或褐色就有可能是生病。在觀察尿液和大便的顏色及硬度時，記得參考P82～85。

3 讓在外上廁所的狗狗慢慢習慣在尿墊上排泄

因高齡犬的排尿次數會變多，若能在家上廁所的話就會比較安心。訓練的時候可以試著在便盆上沾些尿液的氣味，好讓狗狗習慣在尿墊上排泄。

利用人工草皮學會上廁所

訓練狗狗上廁所時可以準備一塊與戶外地面觸感相近的人工草皮，並且將其鋪在尿墊上，這樣訓練會更順利（P100）。

洗澡保持清潔，管理健康

只要狗狗身體皮膚的狀況良好，就可以和年輕時使用同一款的洗毛精。建議選用香味不會太重的洗毛精。

觸摸身體是發現異常的重要親密時刻

除非皮膚出現問題，否則狗狗每個月全身洗1～2次是最理想的頻率。畢竟狗的皮膚比人類脆弱。太常清洗的話會把身上必要的油脂也都洗掉，這樣反而會讓皮膚變得乾燥。狗狗皮膚如果有問題，記得諮詢獸醫，並且遵照指示處理。

要注意長毛品種的狗狗在洗澡之前一定要先把毛球都梳開。腰、腿部虛弱的狗狗在洗澡時要特別小心，別讓牠們滑倒了。

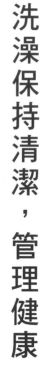

1 為狗狗梳毛讓毛髮更健康

有雙層毛的狗狗若是隨年齡增長，在換毛期掉落的毛會更容易殘留在身上，因此梳毛其實可以幫助牠們保持健康的毛髮。「橡膠梳[※1]」具有按摩效果，但有可能會梳掉太多毛髮；而「針梳[※2]」對不太會使用的飼主來說，則可能會刮傷狗狗的皮膚。這點也可以與獸醫商量，並配合愛犬的毛髮，選擇合適的梳毛用具。另外，梳毛還有助於飼主發現長在狗狗身體表面的腫瘤（P102）。

需要定期梳理的雙層毛犬

雙層毛意指擁有上下兩層毛髮。主要犬種有柴犬、黃金獵犬、吉娃娃與柯基。

哇！這就是有光澤的美毛呀……

※1　適合短毛犬的矽膠或橡膠材質梳子。
※2　適合長毛犬的金屬針刷。

2 不會對狗造成負擔的溫水和吹風機

狗的皮膚比人類的皮膚還要敏感，因此洗澡時的熱水溫度要比人類習慣的溫度來得低，約在32～33℃左右即可。吹風機的話不要使用熱風，直接用冷風吹乾就可以了。

好燙!!
對不起！

清潔為優先

要定期為狗狗梳毛以及洗澡，好好呵護其皮膚和口腔，這樣也能有效預防病原菌的感染。

3 根據情況只清洗局部

洗澡對體力衰退的狗狗來說可能會造成負擔。若是屬於這種情況，可以勤於清洗屁股周圍等容易髒汙的部位。

水溫不錯喔。

在地板上鋪墊子

狗狗洗澡的時候浴室地板會變得非常滑，鋪張防滑墊會比較安心。

保持健康的基本護理

1
用毛巾擦拭護理

狗狗若是生病而不方便洗澡，飼主可以用熱水浸濕的毛巾來幫忙清理身體的髒汙。擦拭的時候盡量讓狗狗保持舒適的姿勢。另外，在擦拭之前也要先幫狗狗把毛梳開。

全身都擦乾淨了
真開心。

鼻子、嘴巴、肛門和生殖器等被稱為「天然孔」的部位特別容易弄髒而且又敏感，因此可以考慮在此使用免沖洗的洗毛精。

2
散步時間若減少就要剪指甲

狗狗的走路量若減少，爪子就會長長。爪子一旦變長，就會被意想不到的東西勾住而導致受傷；而腳底的毛也會容易造成打滑，只要變長就要修剪。另外，家中的狗狗若是大型犬，又不喜歡剪指甲的話，可以兩人一組通力合作來修剪。

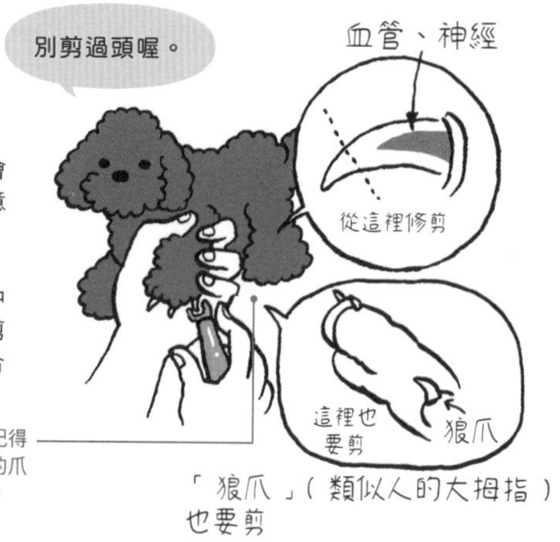
別剪過頭喔。
血管、神經
從這裡修剪
這裡也要剪
狼爪
「狼爪」(類似人的大拇指)也要剪

腳掌內側的「狼爪」也要記得修剪。這是無法自然磨耗的爪子，所以一定要用修剪的。

3
從肛門腺擠出分泌物

狗狗一旦缺乏運動，肛門※腺就會非常容易囤積分泌物。所以要定期為狗狗擠肛門腺。擠的時候記得先用面紙將肛門包起來，以免分泌物四處飛濺，同時還要避免分泌物沾在肛門或毛髮上。若還是不知道怎麼擠，就請動物醫院幫忙吧。

不要一直看啦。

讓狗狗保持站立的姿勢，拉起尾巴。用大拇指和食指撐開面紙之後，從下方按壓4點和8點鐘這兩個位置，將分泌物擠出來。

※　肛門4點鐘和8點鐘位置有對小囊袋，裡頭儲存著氣味強烈的分泌物。

保持臉部周圍清潔

1
讓狗狗習慣刷牙

從狗狗年輕的時期就養成刷牙的習慣很重要。先讓狗狗習慣讓人觸摸嘴巴，接著再用纏著紗布的手指幫牠們刷牙。等習慣了用紗布之後再循序漸進，改用牙刷。

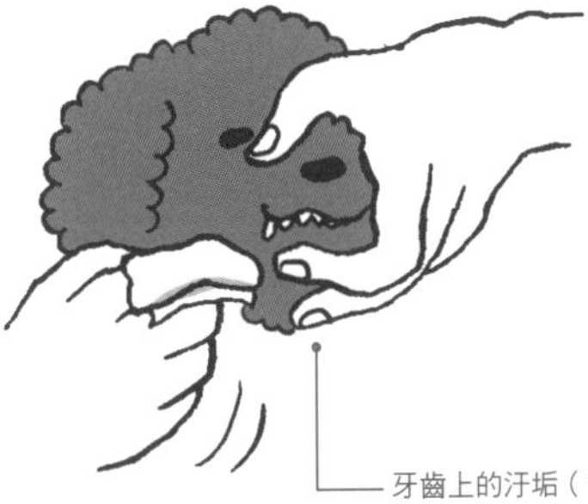

牙齒上的汙垢（齒垢）只要2天就會變成結石。結石一旦形成，就算刷牙也無法剔除，因此要為狗狗養成每天刷牙的習慣。

2
清理耳垢

將浸泡過溫水或以潔耳液沾濕的紗布纏在手指上，在手指可觸及範圍內把耳道擦拭乾淨。切勿使用棉花棒，免得將耳垢推進更深處。

在護理之前先檢查耳朵內部。若有強烈的異味或腫脹等異常情況，就不要再幫狗狗清潔耳朵，並向獸醫諮詢。

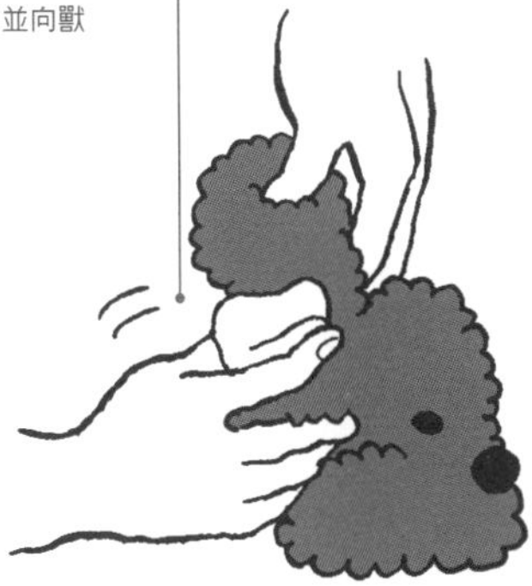

3
清理眼屎和眼周的髒汙

狗狗在剛起床的時候眼屎通常會特別多，散步的時候也會因為風吹而容易流淚。若是有髒汙，就要在汙垢黏住之前用毛巾或濕紙巾擦拭乾淨。

如果出現眼白充血、黃疸或黑眼珠混濁，就有可能是眼疾，應立即帶到動物醫院檢查。

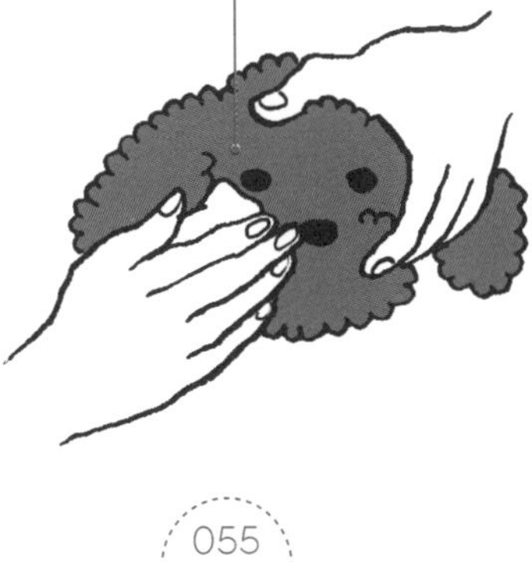

散步時配合狗狗的步伐

適度的散步不僅可以減輕狗狗的壓力，還可能有助延緩老化。

不逞強的散步有助維持身體功能

年紀大的狗狗若是還走得動，飼主就配合牠們的身體狀況來散步。畢竟牠們的體力會隨著年齡增長而下降，腰部跟腿部也會變得衰弱。如果以前是一天散步2次，每次1小時的話，可以試著改成一天4次，每次30分鐘，進行縮短單趟散步時間、增加次數的調整。散步不僅是為了運動，也有助轉換狗狗的心情，並給予腦部適度的刺激。如果狗狗還能跑，就稍微讓牠們跑一下；如果不行，那就讓牠們慢慢走，千萬不要勉強牠們喔！

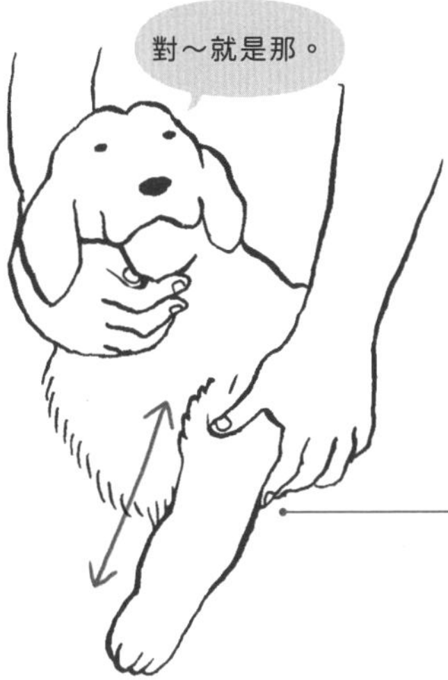

1
散步前 先做暖身運動

狗狗的關節有時會變得僵硬，要是突然就開始散步會對牠們的身體造成負擔。因此散步之前飼主要在狗狗可以接受的範圍內，慢慢地幫忙伸展以及彎曲牠的四肢。

利用散步維持生活節奏

只要讓狗狗養成白天去散步運動，晚上因為散步而疲累熟睡的習慣，就能保持規律的生活節奏。

2
注意步伐和呼吸

關節炎若是引起疼痛或是心肺功能下降，狗狗的步伐就會出現變化，有時甚至連呼吸都會覺得好像很困難的樣子，因此散步的時候要隨時注意狗狗的狀態。

讓狗狗在安全的地方行走

當狗狗步伐開始變得不穩時，可以讓牠們坐在推車上，或者先用抱的帶到公園等安全的地方吧。

3
要是散步到一半走不動了

如果狗狗表現出會痛或很辛苦的樣子，走到一半時甚至不願意再走的話，就不要勉強牠繼續走，直接抱回家。這種情形很有可能是因為生病，所以還是要帶去動物醫院檢查一下。

急性期需要靜養

關節炎有時會在不知不覺中發生。因此急性期要先讓狗狗靜養，之後再按照獸醫的指示讓牠們重新開始運動。

狗狗若是會痛就要避免運動。讓牠們在室內站立時地板也要做好防滑措施。

走不動也要適度運動以維持身體功能

即使走不動也要接觸戶外的刺激

就算狗狗走不動了，只要牠們還能站著，就盡量讓牠們保留住可以站立的肌力。即使走路有困難，也要帶狗狗到外面透透氣；就算已經無法行走，讓狗狗外出也能接受到各種刺激，例如：感受不同季節的風和外面的各種氣味、遇見其他的狗狗，或者是享受陽光。狗狗只要有帶到室外，通常也都會露出開心的表情。因此飼主要根據狗狗的狀態，安排適合的外出活動。

1 嘗試使用輔助器具

用來支撐狗狗身體的輔助器有輪椅以及支撐後腿的助行帶。使用狗狗輪椅時，要選擇符合體型的款式，而且使用之前要先與獸醫商量過。價格依犬種和體型大小而定，日本的約在2萬至10萬日圓左右。

雖然慢慢的，不過應該可以走很多路。

盡力不讓狗狗臥床不起

即使是只有短短的時間，只要讓狗狗多走幾步路或站幾分鐘，就能防止牠們臥床不起。若還能夠外出散步，就要盡量配合狗狗的步調，放慢腳步。

2 在家可做的運動

將毛巾重疊，做出高低差。只要讓狗狗踩在上面，就能訓練肌力。要根據牠們的狀態支撐腿部，從旁輔助。

暖洋洋的散步
好天氣。

寵物推車的寬度要適當

前往公園等狗狗喜歡的地方時可以使用寵物推車，到了目的地之後再讓牠們下來到草地或土地上自在玩耍。此外，最好挑選有上蓋的寵物推車，這樣比較安全。價格範圍依犬種以及體型大小而定，日本的約在1萬至5萬日圓左右。

3 聽從專家的指導加入平衡球等練習

維持狗狗肌肉量的另一個有效運動，就是平衡球或平衡墊※。這個方法對牠們心臟的負擔較小，所以年紀大的狗狗也能安心使用。

明天會不會肌肉痠痛呀？

運動用品的種類

除了平衡墊，還有中央有洞的甜甜圈以及蛋型的復健球。這些運動用品皆各有特色，不過使用前要先聽取專家的意見。

※ 為了刺激肌肉而使用的運動器材。

出門之前要準備齊全

狗狗如果可以自行活動、排泄和進食，有時候也可以讓牠們獨自度過兩天一夜。記得先向熟知狗狗狀況的獸醫諮詢。

回到家後一定要檢查狗狗的狀況

出門前先整理好環境，以確保狗狗在家安全無虞。有時候我們會因為工作或其他事情而必須讓狗狗獨自看家。但只要狗狗還能自行走動，就難以掌握不在家的這段期間會發生什麼事。而且狗狗要是上了年紀，還會不慎吞下或者吃掉危險的物品。若是牠們的腰、腿部無力，也可能會滑倒、摔倒，或從有高低差的地方跌落等意外，各種風險都有可能發生。因此，飼主回到家後要仔細檢查狗狗的排泄物以及身體是否有任何異常。

1
檢查水和食物

最好使用不容易傾倒的容器來盛裝水以及食物，以免狗狗獨自在家時不小心打翻。回家後也要確認牠們飲水和食物的攝取量。

口渴就無法
看家了喔。

夏天飲水要特別注意

夏天如果沒有喝水，狗狗可能會出現脫水症狀。因此要多準備一些水再出門。

2
溫度管理也很重要

可以多加利用冷暖設備，將狗狗活動的地方調到適宜的溫度（P40）。站在狗狗的立場來思考很重要。

Pi
Pi
請幫我調到
舒適的溫度。

睡床的位置也要考慮

不僅是留守看家，狗狗睡覺的時候床鋪也要放在不會直接吹到冷氣的位置。

別忘了最終確認

空調要在出門之前的大約30分鐘打開，飼主自己先在房間待一段時間，這樣就能減少開錯冷暖氣的機率。

3
關進圍欄裡
以防止意外發生

狗狗如果肌力下降或是有認知障礙，就有可能會發生鑽進房間狹縫中出不來的情況。為了要防止無人在家時發生這種情況，出門前一定要讓牠們進到圍欄裡。

也可考慮看護設施

飼主也可以根據狗狗的情況和自己的生活方式考慮使用看護設施（P63）。

有沒有買禮物？

需看護的狗狗獨自在家時

1
盡量避免長時間外出

在需要看護的時期，狗狗的身體可能隨時會出現變化，所以飼主要盡量避免掉不必要的外出。原則上狗狗獨自在家的時間愈短愈理想。

亦可諮詢熟悉狗狗狀況的主治獸醫。也有些動物醫院可以在白天委託照顧。

2
外宿若需隔夜，要請家人或請寵物保姆幫忙照顧

如果與家人同住，可以事先分配看家時的狗狗照顧工作；如果是一個人住，也可以請經驗豐富的寵物保姆幫忙。

日本寵物保姆的費用通常每次大約在3,000日圓左右。但會隨照顧的範圍、狗狗的數量以及所需時間而有所不同。

3
用室內攝影機看顧狗狗

可以在房間裡裝台與IoT相容的攝影機，這樣在外出時就可以利用智慧型手機隨時觀察狀況。即使是短時間的外出，能隨時查看狗狗的狀況也會更加安心。

不管是動態影片還是靜態圖像，隨著其製造商的不同，攝影機的性能也會有所差異。此外，有些攝影機是定點（固定）式，有些則可遠端操作，可視情況調整。

亦可選擇看護設施

1 白天委託動物醫院照顧

有些動物醫院白天可以幫忙照顧狗狗。如果飼主是只有一個人生活，平日又必須外出工作的話，那麼就按照自己的生活方式，向獸醫諮詢。

有些動物醫院也可以臨托，相關資訊請查看動物醫院的網站或向獸醫確認。

2 選擇老犬之家機構

在日本如果飼主難以照顧年紀漸長的狗狗，也可以請協助狗狗日常生活及看護的「老犬之家」來代勞。不過要慎重確認該設施的服務內容和費用再決定。這些機構因犬種、治療費及地區的不同，日本一年的費用大約落在40萬到150萬日圓之間。

老犬之家有兩種型態：一種是方便訪問的市中心型，但是容納的狗狗數量較少；另一種是位於郊區，交通較為不便，但可以容納更多的狗狗，而且擁有完善的狗園等設施。

3 可以與狗同住的一般療養院

有時是飼主必須入住療養院。有些設施允許攜帶愛犬一起入住，不過入住條件取決於狗狗的大小等，因此一定要先仔細確認。

除了人的入住費用外，有些設施還需要支付寵物的管理費、食宿費及醫療費等。不過各個設施情況不同，不妨多加詢問。

COLUMN

2 適合高齡犬體質的食材

飲食生活對狗狗的健康和壽命影響甚大，因此要根據年齡和健康狀況，為牠們選擇合適的食材。其中尤其推薦有這5種作用的食材。

①維持肌肉量 給予含有優質蛋白質的肉類、魚類、雞蛋。

②預防關節疼痛 添加軟骨形成的成分。葡萄糖胺通常存在於甲殼類的外殼中，而軟骨素則存在於納豆和海藻中。為了方便狗狗消化，腸胃好吸收，食物最好切碎或剁碎。

③改善腸道蠕動 給予膳食纖維。建議多吃蔬菜和芋類，如此一來腸道環境也能保持良好狀態。

④抑制體內炎症，活化腦部 應多攝取含不飽和脂肪酸的鯖魚、鮪魚及鰹魚。

⑤預防肥胖 攝取與消耗的熱量要均衡。高蛋白低脂肪的雞胸肉、具有脂肪燃燒效果的羊肉、富含膳食纖維的菇類，以及具有整腸作用的豆腐都是值得選擇的食材。為狗狗準備健康又美味的餐點吧。

第 3 章

從行為觀察生病的徵兆

看診徵兆①
沒有精神

緩慢發生的變化容易被認為是自然的老化。如果注意到狗狗的情況異於平常，就應立即帶去動物醫院就診。

每天細心觀察
察覺生病的初期階段

活力減退是所有疾病的初期徵兆。當狗狗的視力下降或是失明，就會因為感到恐懼而不敢行動。要是牠們的眼睛、腹部、關節等部位出現疼痛，就可能會為了忍痛而一直維持相同的姿勢；此外，這也可能是腦部疾病的徵兆之一。只有平時就非常瞭解自家愛犬的飼主，才有辦法察覺到狗狗變得沒有精神了。也要記得觀察狗狗在吃飯時或是散步時的模樣。

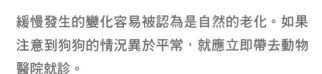

1
不要歸咎於年齡 考慮其他可能原因

千萬不要認為狗狗的個性會隨著年齡增長而變得沉穩或是衰弱，因為這說不定是尋求治療就能改善的疾病。若是注意到異於平常，最好儘早帶狗狗去看獸醫。

每年2次健康檢查

狗狗生病的徵兆不僅限於體力下降或是食慾變化等容易察覺的外在症狀，還有內臟和骨骼退化等等光從外表難以察覺的症狀。

2
發高燒或是體溫過低

感染症會引起高燒，不當的環境則是會導致體溫偏低。只要每天觸摸一下狗狗，就能掌握正常體溫。把與狗狗肌膚相親當成一種習慣吧。

在耳根處量體溫

獸醫有時會根據狗狗的狀況建議飼主用體溫計測量體溫，不過觸摸毛髮較少的耳根部也能感受到體溫的高低。只要每天觸摸，就能注意到變化。

3
不想走路

椎間盤突出或關節疾病的初期症狀是不願意走動。此外，疲倦感也會使牠們的行動變得遲緩。這也算是一種徵兆，但很容易跟單純的老化混淆。

隨著年齡增長而增加的關節疾病

若是因為遺傳而導致關節形狀異常，或者因為老化而使得軟骨減少，都有可能提高關節疾病發生的風險。

當淚液分泌量減少或淚液性質改變時，會非常容易罹患乾性角膜炎（乾眼症）。

看診徵兆②

黑眼珠顏色不一樣

飼主要先養成檢查黑眼珠的習慣

黑眼珠的中央也就是瞳孔，有個名為水晶體的結構。當這個水晶體因為老化或是其他因素而退化時就會影響到狗狗的視力。水晶體要是變得和毛玻璃一樣混濁，那就是「核硬化」的症狀。這是水晶體的老化現象，和老年人的白髮或高齡犬的白毛一樣，是年齡增長的現象。不過這種情況的進展相對遲緩，對視力的影響也比較小。有另一種會引起類似變化的眼疾則是稱為「白內障」，白內障進展的速度很快，所以要趁早帶狗狗去動物醫院就診。

1

眼眨個不停

這是眼球或結膜發炎，又或者是眼睛受傷的徵兆。特別是年邁狗狗經常因為乾眼症而出現這種情況。只要淚液分泌量減少或是黏稠度降低的話，就會引起乾性角膜炎（乾眼症）。

眼珠渾濁是警訊

確認黑眼珠是否渾濁。如果顏色白濁，就有可能是角膜炎，要立刻帶狗狗去動物醫院看診。

2

瞳孔變得混濁

如果瞳孔像雪花結晶般逐漸變得白濁，就代表水晶體出現病變，也就是所謂白內障。有時是糖尿病所引發的情況，所以要對症下藥，妥善治療；若有多喝多尿和吃不胖的症狀，則可能是糖尿病的徵兆。

症狀加重時

除了眼睛的顏色，視力也會變差，撞到東西的機率就會增加。受聲音驚嚇的情況若是比以前嚴重，就是視力下降的徵兆。

3

使用花青素來延緩惡化

藍莓中含有的花青素具有抗氧化的作用，能延緩白內障以及核硬化的惡化速度，因此可以當作保健食品善加利用。

保健食品的種類

在市場上也買得到各種含有抗氧化劑的狗狗保健食品。雖然可以給狗狗成分相同的人用保健食品，但要先確認其中是否含有其他成分。

■容易罹患白內障的犬種：玩具貴賓、臘腸犬、西施犬、瑪爾濟斯犬、迷你雪納瑞、傑克羅素㹴、騎士查理王獵犬、法國鬥牛犬、米格魯、尋回犬種等
■容易罹患乾性角膜炎的犬種：吉娃娃、西施犬、迷你雪納瑞、巴哥犬等

看診徵兆③

眼白或可視黏膜顏色不同

要注意各種疾病的症狀也可能會出現在眼睛上。
視力要是下降，可能會造成狗狗無法活動自如。

拉下眼瞼
檢查貧血和黃疸等異狀

狗的眼睛跟人類不一樣，不太容易看到眼白。即使是可視黏膜（可直接用肉眼觀察到狀況的黏膜）的眼結膜，乍看之下也是無法判斷病症。貧血或是黃疸等疾病通常會出現全身狀況不佳的徵兆，所以平時一定要養成定期檢查眼瞼等部位的習慣。只要牠們的眼睛出現異常狀況，就有可能是潛藏重大疾病的徵兆。狗狗的身體一旦有異，就表示情況可能正在惡化中，這種情況一定要諮詢獸醫。

1 拉下眼瞼，檢查眼白

將狗的下眼瞼像是「做鬼臉」般往下拉，檢查眼白和可視黏膜的顏色。眼白充血是結膜炎的徵兆。這是可以用肉眼觀看發現異常的地方，所以飼主一定要養成定期檢查的習慣。

難以察覺的視力下降

即使眼睛失明了，只要家具擺放的位置不變，狗狗仍然可以和失明之前一樣行動，這種情況其實並不罕見。因此，如果以人的感覺來看待狗狗的話，可能會不容易察覺到牠們視力下降的問題。

2 可視黏膜顏色不同

健康的可視黏膜會是粉紅色，飼主要先瞭解以下3種類型的異變：淡粉紅色是貧血，粉紅色和黃色混合是黃疸，紫色是紫紺（發紺）。

可能的病症

黃疸通常是肝病等疾病的徵兆，紫紺代表血液中的氧氣量不足，可能是呼吸系統以及循環系統疾病的徵兆。

注意眼壓上升

眼壓若是上升，從眼皮上觸摸眼睛就可以感覺到。狗狗左右眼的腫脹情況如果有差異，飼主就要特別注意了。

3 眼睛好像很痛

眼壓上升引起的青光眼初期症狀是眼睛疼痛，精神不濟。及早帶狗狗去動物醫院就有機會防止失明。

■容易罹患青光眼的犬種：吉娃娃、西施犬、柴犬、米格魯等

看診徵兆④

有眼屎

注意狗狗附近有沒有會刺激眼睛的物質，如香菸的煙霧、公園的草或過敏原等。

表示對感染症的抵抗力和自淨作用下降

眼睛在日常生活中會受到各種刺激，然而上了年紀的狗狗眼部屏障異物的功能會開始下降。只要對感染症的抵抗力降低，就會非常容易罹患角膜炎和結膜炎。眼睛如果乾澀或眼屎變多，就要懷疑是否感染了這些疾病。此外，也有許多狗狗因眼睛的自淨作用減弱，而無法利用淚水洗淨雜菌以及異物，所以患上慢性角膜炎或是結膜炎。這些狗狗的眼周可能會沾上分泌物，故飼主從平常就要隨時檢查牠們的眼睛狀況。

1
眼瞼邊緣有和疣一樣的腫塊

在眼瞼邊緣的麥氏腺會堆積脂肪，形成小腫塊，有時還會導致眼屎增加。

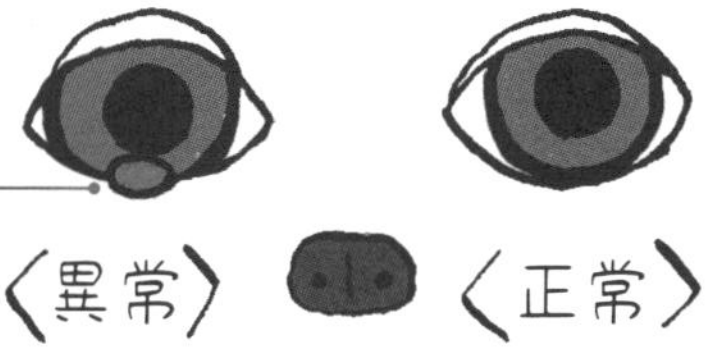

內側的腫塊

眼瞼內側若是出現硬塊就會刺激角膜，導致角膜炎。若是長得太大，就需要動外科手術處理。考量狗狗整體的狀況，與獸醫商討對策吧。

2
眼睛睜不開

眼睛可能會因為受到刺激或是受傷而無法睜開。雖然會自然痊癒，但點眼藥水說不定可以有助緩解疼痛、加速康復。

外觀上的異常

若是狗狗閉眼的時間變長就要注意。一旦察覺到，就要儘早帶去動物醫院。

3
要注意睡覺時無法閉上眼睛的狗狗

像西施犬、巴哥犬和法國鬥牛犬等眼睛較大的狗狗，在睡覺的時候會無法完全閉上眼皮，因此剛醒來時眼屎會變多，因而容易引起角膜炎以及結膜炎。就寢時可以幫牠們點些油性的眼藥水來預防。

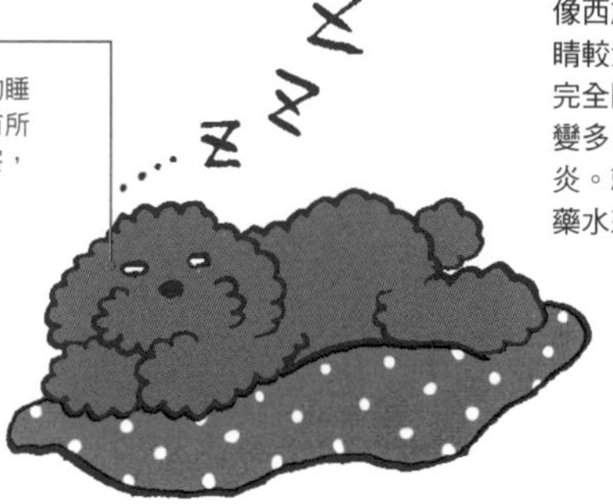

仔細觀察

隨著年齡的增長，狗狗睡眠時眼睛的狀態也會有所變化。要記得多加觀察，適當照顧。

■容易罹患角膜炎的犬種：吉娃娃、臘腸犬、約克夏㹴、西施犬、巴哥犬等

看診徵兆⑤ 流鼻水

狗狗嗅覺的衰退速度通常比視覺和聽覺還要慢，是即便已屆高齡也能發揮功能的重要感官。若是出現異常，一定要及早應對。

如果鼻水變色 則有可能是生病

其實不管狗狗是否高齡，只要常打噴嚏，就要懷疑是不是得了感染症，並帶去動物醫院看診。狗的鼻唇面（Rhinarium，鼻尖變色的部分）如果乾燥，有可能是發燒的徵兆。鼻腔內的黏膜通常要靠鼻水等分泌物來保持濕潤，鼻子較長的犬種因為鼻腔內面積較大，故鼻水的分泌量往往較多。健康的狗狗鼻水應該是無色透明的，而且鼻尖適度濕潤。顏色或分泌量若有變化，極有可能是因為生病，故飼主要多加留意。

1
經常舔鼻子

當感染症導致鼻水分泌量增加時，有些狗狗會不停地舔掉，以防鼻水流下來。因此要知道狗狗有沒有流鼻水，可以透過觀察牠們舔鼻子的次數會比較容易察覺變化。

留意鼻水狀況

除了舔鼻子之外，如果狗狗的鼻子比平時還要濕，就要懷疑是否為流鼻水。

2
流出乳白色的鼻水

進行日常護理時，也要檢查鼻水的顏色。若呈現混濁的乳白色，就有可能是感染。即使鼻水是無色透明，分泌量若比平常還多也要注意。

用衛生紙檢查

只要將白色衛生紙放在狗狗的鼻子上，就可以檢查鼻水的顏色和狀態。

3
鼻唇面乾燥

狗狗鼻水的分泌量會隨著年齡增長而減少，導致鼻唇面容易乾燥。有時也會因為發燒而變乾。為了以防萬一，當狗狗鼻唇面乾燥時還是詢問一下動物醫院比較安心。

鼻唇面周圍保持清潔

分泌物乾燥後若是留在鼻子上就會引起發炎。因此要用濕毛巾擦拭掉，讓鼻唇面保持清潔。

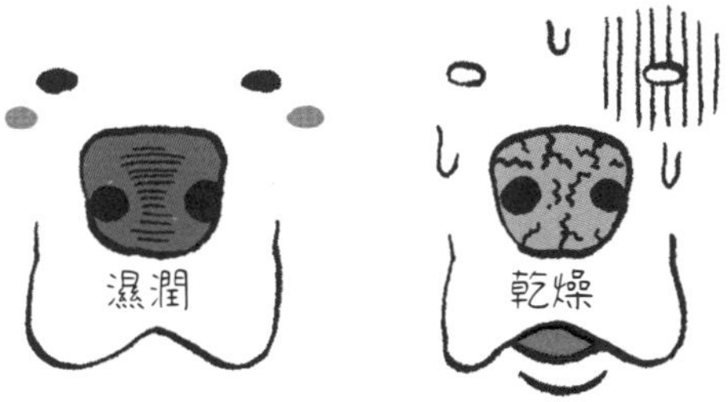

平常　　剛起床

看診徵兆⑥

流鼻血

狗狗的鼻子和口腔之間只隔著一層薄骨。若是罹患牙周病，就可能會影響鼻子，甚至要到流鼻血才會被發現。

狗狗若是罕見地流鼻血就要注意了

人類雖然只要稍微受到刺激就可能會流鼻血，但狗卻幾乎不會這樣。如果是因為明顯的外傷而導致流鼻血，那就只需要持續觀察；但是如果是反覆地流鼻血，就有可能是重病的徵兆，飼主要特別留意。牙周病也會導致流鼻血。這種病不僅會影響口腔，還會波及牠們的全身，降低愛犬的生活品質。除此之外，若是罹患腫瘤也會導致出血。狗狗若是一直流鼻血，就要立即帶去動物醫院就診。

拍成照片或影片

用手機將狗狗的異常狀況拍下來給獸醫參考也是一個好方法。

1 要記住是從哪一側鼻孔流鼻血

鼻血出血的位置會因為出血的原因而有所不同。為了讓動物醫院的醫生能夠順利診療，飼主一定要記住是哪一邊流鼻血。

2 流鼻血就要帶去動物醫院

如果狗狗經常流鼻血，就要強烈懷疑是不是得了牙周病或是長腫瘤。這些都是不容易被看見的部位，難以及早發現，因此狗狗流鼻血時說不定病情正在惡化。

流鼻血的原因

外傷有時也會讓狗狗流鼻血，但這種情況就不算是生病。

3 不要忽視沾在床鋪和家具上的鼻血

狗狗流鼻血的話有時候會直接舔掉，但是偶爾會在地板以及家具上留下鼻血的痕跡。因此不僅要觀察狗狗的狀況，還要檢查牠的生活環境。

牙周病的徵兆

狗狗牙周病的症狀之一是流鼻血，除此之外，還有口臭強烈、唾液增多、牙齒變色、食慾不振等等的症狀。

看診徵兆⑦

大量飲水，尿量變多

狗狗的飲水量會隨著運動量、氣溫和濕度等因素而變化。因此飼主可以先觀察一週再說。

喝大量的水並不是健康的徵兆

狗狗喝很多水看起來好像很健康，但這卻是腎功能下降、糖尿病、庫欣氏症候群等各種疾病的症狀之一，在這種情況之下狗狗的尿量也會變多。許多飼主以為這是由於牠們大量喝水所致，不過其實正好相反。狗狗是因為排尿量增加，體內缺乏水分因而感到口渴，所以飲水量才會增加許多。為了及早發現疾病，一定要每天留意狗狗的飲水量和排尿量。

1
不限制狗狗喝水

狗狗若是喝多尿多，就代表體內的水分不足。因此飼主不應該限制牠們喝水，而是要設法讓狗狗隨時都能喝到水。

留狗狗看家時更要多準備

外出時要根據不在家的時間準備足夠的水量及水碗。

2
發現腎臟異常時

近年來有些檢測方法可以早期發現狗狗是否罹患了腎臟病。即使常規檢查沒有異常，飼主只要因為狗狗飲水量變化而感到擔心時，就可以好好向獸醫諮詢。

治療方針

狗狗的腎臟在發現有異常時，通常已經有三分之二的部分失去功能，而治療之目的，是為了維持剩餘的功能。

脫毛情況也要一併檢查

如果狗狗出現喝多尿多、腹部肥滿以及左右對稱的脫毛現象，有可能是庫欣氏症候群※（腎上腺皮質機能亢進症）。若是察覺這些症狀，一定要記錄下來並告知獸醫。

3
先向獸醫諮詢

要是發現狗狗喝多尿多，就要找獸醫諮詢。可能的主要疾病有糖尿病、腎臟病（P110）、子宮蓄膿症（P112）、庫欣氏症候群（腎上腺皮質機能亢進症）。至於喝多尿多的症狀，有時會突然發作，有時則是會慢慢出現。

※　腎臟上方的腎上腺分泌過量荷爾蒙的疾病。也有可能是由腦下垂體所引起。

■容易罹患糖尿病的犬種：玩具貴賓、臘腸狗、約克夏㹴、西施犬、傑克羅素㹴，尋回犬種等
■容易罹患庫欣氏症候群的犬種：玩具貴賓、臘腸犬、博美犬、約克夏㹴、西施犬、傑克羅素㹴、米格魯等

看診徵兆⑧ 脫毛

毛髮修剪之後有時會發現狗狗脫毛了，甚至不再生長毛髮。

怎麼會這樣?!
有可能是感染
有可能是甲狀腺機能低下症或庫欣氏症候群

脫毛也可能是生病徵兆，因此要檢查毛髮脫落情況

狗的毛髮會隨著老化而出現衰退。例如毛色變差、毛量減少、白毛變得明顯、皮膚失去彈性且乾燥……等等。這些衰退是自然老化的跡象。但是如果伴隨脫毛，就有可能是疾病的徵兆，必須讓狗狗接受適當的治療。飼主可以根據毛髮脫落的方式來推測原因。當出現左右對稱的脫毛時，可能是甲狀※腺機能低下症或庫欣氏症候群等內分泌疾病。如果是局部脫毛，那麼是感染症的可能性會比較高。

※ 因甲狀腺荷爾蒙分泌量減少導致新陳代謝降低，進而對全身造成影響的疾病。

1 檢查是脫毛還是斷裂

精神壓力有時也會導致狗狗舔毛或是啃毛。如果毛根沒有殘留下來，那就是引發脫毛的疾病所致；如果毛根還在，那就可能是精神因素所造成。

勤於梳毛

年邁的狗狗只要年齡增長，脫落的毛就會非常容易殘留在牠們身上。因此在春秋兩季的換毛時期要勤於為狗狗梳理毛髮，保持清潔。

室內犬的換毛期

狗的換毛期在春秋兩季，但是對於不容易受到溫度變化或是日照時間影響的室內犬來說，換毛期往往沒那麼固定。

2 狗狗露出悲傷的表情

年紀大的狗狗容易罹患的內分泌疾病是甲狀腺機能低下症，在這種情況之下，尾巴的毛有時會脫落，看起來就像是老鼠的尾巴。而牠們臉上悲傷的表情也是一個徵兆。

掌握其他徵兆

除了悲傷的表情，體溫下降和無精打采也是甲狀腺機能低下症的徵兆。

3 有時脫毛原因不明

無關年齡的脫毛症中，有一種叫做「X脫毛症」。有人說這是由成長荷爾蒙和性荷爾蒙造成，但具體原因尚未明確。

也可能是因為美容護理

不恰當的美容護理也會導致狗狗脫毛，也可能是所用的毛梳不適合愛犬的毛質，不如向獸醫諮詢看看吧。

■容易罹患甲狀腺機能低下症的犬種：玩具貴賓、臘腸犬、博美犬、迷你雪納瑞、柴犬、米格魯、尋回犬種等

看診徵兆⑨

排尿異常

選擇淺色的尿墊，以便觀察狗狗尿液的顏色。排泄後要扣除尿墊的重量，以便計算尿量。

知道尿滯留、少尿和頻尿的差異

尿液是天天可以觀察到的狗狗生理徵狀，所以飼主要仔細確認。牠們的排尿異常包括有尿滯留（排尿困難）、少尿、頻尿和尿失禁。尿滯留是指尿液已經生成但卻無法排出的一種狀態，可能是因為尿結石或是前列腺異常而導致的尿道堵塞。少尿是指尿液無法生成的狀態，有可能是成因很多的急性腎衰竭。頻尿是指排尿的次數增加，但經常只是少量排出的狀態，可能是尿道或膀胱發炎所致。

1 尿的顏色不一樣

鮮紅色可能是膀胱炎、膀胱腫瘤或結石的徵兆。顏色若和葡萄酒一樣深，就有可能是洋蔥中毒或是自體免疫性疾病的症狀。如果是金黃色則有可能是黃疸。

保持膀胱清潔

膀胱內部之中若是長時間積存尿液，細菌就會更容易繁殖。因此要給狗狗補充水分，讓牠們可以隨時排尿，以維持膀胱清潔。

高齡犬常常尿失禁

上了年紀的狗狗往往因為飲水量增加或是神經問題而常常尿失禁。所以就算老化也不要放棄，一旦察覺到症狀，就儘早帶到動物醫院診治。

2 若是無法排尿，儘快帶去動物醫院

狗狗若是超過36小時都無法排尿，可能會引發急性腎衰竭，甚至有罹患尿毒症的危險。所以要是發現牠們尿不出來，就要立即帶去動物醫院就診。

3 頻尿有可能是尿道或膀胱發炎

看到狗狗有這個跡象，有些飼主會覺得狗狗好像尿很多，而有些人則會覺得尿好像很少。事實上，這兩者的總量一樣。除了頻率，也要確認尿量。至於頻尿的成因，有可能是由膀胱炎、尿道炎或是膀胱結石所引起。

務必按時餵藥

即使膀胱炎的症狀好轉，還是要按照處方規定的天數好好餵藥。千萬不要隨意停藥，一定要遵從獸醫的指示。

看診徵兆⑩

排便異常

除了消化器官，肝臟、胰臟和腎臟等器官也可能導致狗狗持續腹瀉。但是只要生活維持規律，排便也會正常。

瞭解原因，遵守適當的週期

健康的糞便會呈現棕色，而且硬度適當，粗細與狗狗的體型相符。糞便的顏色、硬度、頻率等的變化也是看診徵兆的判斷根據。狗狗每天至少要排便2次，若想讓狗狗保持健康，勢必要保持這個生活規律。要是超過3天沒有排便，就要帶去動物醫院檢查。至於便祕的原因，有可能是狗狗的運動不足或是生活節奏紊亂，也有可能是腹內腫瘤或者前列腺疾病所致。

硬度參考標準

狗狗糞便的硬度應該以手能捏住的硬度為佳。

1 檢查糞便的顏色和硬度

關於糞便異常的顏色以及症狀，紅色表示大腸或是肛門附近出血，黑色表示胃或者小腸出血，灰色糞便則是表示是胰臟疾病。硬度的話從乾硬到稍微柔軟都有。

2 慢性腹瀉要向獸醫諮詢

一次攝取大量的水分可能會引起狗狗腹瀉，不過脂肪多的飲食也是原因之一。腹瀉的原因可能來自腸胃等消化系統，也有可能是其他內臟的問題。此外，即使排便次數不多，如果狗狗持續排出軟便也要向獸醫諮詢。像是胰臟功能低下或食物不耐症等因素也要納入考量。

可能的腹瀉原因

如果腹瀉因素顯然是飲食過量造成就再觀察。不過如果異常情況持續，就要帶去動物醫院。

裝進密閉容器裡就診

就診時如果可以攜帶狗狗的糞便、尿液和嘔吐物的話，對診斷會更有幫助。只要裝進密閉容器內，就不用在意氣味問題。

3 思考便祕的原因

運動量減少或許是原因之一，但便祕有時背後可能暗藏著某些疾病，因此狗狗的排便週期如果出現異常，就要向獸醫諮詢。另外，食物中所含的纖維質不足或是飲水量太少也會引起便祕。臥床的狗狗若是便祕，飼主就要幫牠們灌腸。

引起便祕的疾病

前列腺肥大或子宮腫瘤有時也會讓糞便變得扁平而不易排出。

看診徵兆⑪ 咳嗽

狗狗咳嗽可能是重病的徵兆。上了年紀的狗狗咳嗽除了是呼吸系統的問題，絕大多數的情況都是心臟病所引起，因此要儘早帶到動物醫院就診。

不容忽視的病徵之一——咳嗽

狗狗年輕時若是咳嗽，通常是因為感染症所引起；但年邁的狗狗如果咳嗽，就有可能是心臟或肺部的重症疾病導致。尤其是當狗狗晚上一直咳嗽個不停，那就有可能是得到了肺水腫，若是不加以處理，恐怕會危及生命，故要儘快帶去動物醫院看診。

狗狗如果能定期去動物醫院接受健康檢查，就可以在咳嗽症狀出現之前發現呼吸系統的身體異常。只要提早開始管理體重等，就可以延遲發病。

1 想吐卻吐不出來的樣子

狗狗咳嗽有時看起來像是要把卡在喉嚨的東西吐出來。因為有點類似嘔吐，往往讓人以為是食道或是胃腸的疾病，但其實這是牠們咳嗽的樣子。

小型犬要特別注意

小型犬由於遺傳因素，心臟功能容易出現問題。

2 氣管變得脆弱也是原因之一

狗狗的氣管壁會隨著老化和肥胖而變得脆弱，導致每次呼吸都會發生氣管移動，而增加氣管塌陷（P108）發生的風險。

■容易發生氣管塌陷的犬種：玩具貴賓、吉娃娃、博美犬、約克夏㹴、西施犬、蝴蝶犬、馬爾濟斯、巴哥犬等

肥胖也要注意

肥胖的狗容易陷入重症。由於肥胖會引起心臟病，所以狗狗平常就要多注意飲食和運動。

3 食物不小心跑到氣管裡

臥床的狗可能會因為食物沒有進到食道而是掉進氣管裡，結果食物進入肺部，引起吸入性肺炎。因此飼主在餵食時要抬高狗狗的頭部，待完全吞下之後再繼續餵下一口，以防上述情況發生。

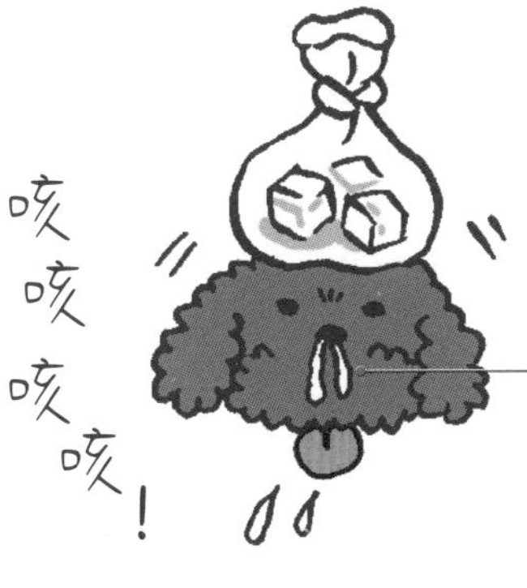

鼻水的顏色

咳嗽時如果也出現鼻水，就要檢查鼻水的顏色。帶去動物醫院時就診時，也要參考P74，向獸醫說明鼻水的顏色和狀態。

看診徵兆⑫

呼吸困難

有些犬種的呼吸系統和心臟負擔比較大。因此飼主要與動物醫院商量，以採取適當措施延緩病情的惡化。

肥胖會讓呼吸系統和心臟疾病惡化

呼吸急促不僅僅是呼吸系統的問題，其實也有可能是心臟疾病的徵兆。因此飼主要先瞭解影響呼吸的3個原因：①空氣的進氣口或呼吸道異常，②吸收氧氣的肺部問題，③將氧氣傳送至全身的心臟或血管異常。這些情況經常會相互影響，而且肥胖還會讓出現的症狀變得更嚴重，有時還要根據病情進展限制狗狗的運動或是設置氧氣室。若是出現這些症狀，飼主都要設法長期應對病況。

1
如果出現紫紺就要注意運動量

運動或興奮可能會讓狗狗的呼吸加速，並使舌頭或是結膜等可視黏膜變成紫色。

累癱了～

危險的症狀

血液中的氧氣不足，導致可視黏膜變成紫色的症狀。狗狗若是出現紫紺是相當危險的狀態，一定要立即帶去動物醫院就診。

2
打開嘴巴張口呼吸

狗通常是用鼻子呼吸，但在牠們感到痛苦的時候也會改用嘴巴呼吸。雖然運動之後狗狗會暫時張口呼吸，但如果不是在運動後，可能就要懷疑是心臟病或其他疾病了。

呼
呼
走吧，走吧！
呼呼
呼呼
呼呼
呼呼
呼呼
就算沒有走、
都還沒有走……

用舒服的姿勢送醫

當帶著呼吸困難的狗狗去醫院時，最好將其放入外出籠裡，讓牠們保持舒適的姿勢運送。哄睡或抱起來反而會讓狗狗呼吸變得更加困難。

窒息的徵兆

除了用嘴巴呼吸和深呼吸之外，將下顎向前推、前肢張開擴胸而坐的「犬座姿勢」若是經常出現，就代表狗狗感到呼吸困難。

氧氣氧氣！
吸
吐

3
拚命般地呼吸

當狗狗出現一直非常努力地用力吸氣，但還是無法把空氣吸進肺部的狀態。這有可能是因為鼻子或是氣管發生阻塞而造成，需要加以留意。

看診徵兆⑬
體重增加或減少

狗的體重取決於飲食和消耗熱量之間的平衡。急劇的體重變化有可能是因為背後隱藏著某種疾病。

為了延長健康壽命要保持適當體重

狗體重要是突然發生變化，飼主就要特別注意了。即使攝取的熱量都跟以前相同，只要基礎代謝和活動量因為老化而下降，體重就會跟著增加。在短時間內體重增加有可能是甲狀腺機能低下症等疾病所引起的，這種情況就不應該讓狗狗減重。

即使給予適當的飲食，體重減少時還是要懷疑狗狗體內是否有腫瘤或是罹患糖尿病。而持續慢性腹瀉和嘔吐也會讓體重下降。

1

雖然有在吃，但是體重減少

如果沒有出現腹瀉或是嘔吐等情況，飼主可以重新檢視狗狗飲食的熱量。明明有吃飯但體重卻減輕，那就有可能是運動和環境消耗的熱量與飲食攝取的熱量不平衡。也有可能是因為狗狗的飲食太過健康。

生病有時也是原因

如果熱量剛好，那就有可能是肝功能或腎功能下降，或者是體內的惡性腫瘤以及糖尿病等疾病對新陳代謝產生影響。

2

顯得無精打采又愁眉苦臉

一旦狗狗罹患甲狀腺機能低下症，基礎代謝率就會下降。與發病前相比，明明食量沒變，但是體重卻會增加，而且通常以無精打采又愁眉苦臉的表情為病徵。不過只要適當的用藥即有可能改善。

不要以為是「因為年老」

甲狀腺機能低下症的徵兆，也就是表情看起來無力、很沒精神，往往讓人以為狗狗是因為老了才會這樣。照顧年邁的狗狗要先拋棄這種先入為主的觀念，並對異常症狀保持敏銳。

3

整頓生活環境

在寒冷的季節裡，狗狗的身體會藉由燃燒能量來保持體溫。尤其是飼養在戶外的狗冬天時可能會變瘦。因此我們要考量到狗狗的負擔，同時調整食物的量，並確保牠們能在溫暖的環境中生活。

夏天也要在室內

不僅是冬天，夏天的酷暑也會影響食慾，所以應該要設法將狗安置在室內。

看診徵兆⑭ 腹部腫脹

胃扭轉會在短時間內威脅生命。看似感到噁心，想吐卻吐不出來是其徵兆之一。狗狗若是出現這種情況，就要馬上帶去動物醫院看診。

腹部腫脹未必是因為肥胖

隆起的腹部之中可能隱藏著疾病。例如腹部積水就有可能是腹腔內長腫瘤所致。如果狗狗在突然間出現腹部腫脹，就有可能是胃擴張和胃扭轉，應立即帶去就醫。年紀大的狗狗常見的腎上腺皮質機能亢進症會導致牠們的肌肉減少、脂肪堆積，因此四肢變細、肚子凸起的體型是一個警訊。飼主要瞭解食量引起的肥胖與疾病引起的腹部隆起之間的區別，千萬不要忽視了。

1
觸摸肚子，檢查是否為腹水

心臟病、肝臟問題或是腹腔內腫瘤等原因會導致腹水累積。腹部若是積水，觸摸會有明顯的波動感。不過肥胖的狗狗會不容易察覺，因此要仔細觸摸。

確認腹水

要判斷狗狗的肚子裡是否有腹水，首先要將手掌放在腹部其中一側。若有腹水，輕輕敲擊時另一側會傳來波動的感覺。

2
定期健康檢查

腹腔內的腫瘤與體表的腫瘤不同，飼主往往無法察覺，因此要帶狗狗去做健康檢查，如此一來才能及早發現。

超音波效果佳

不易透過X光察覺的腫瘤若用超音波檢查的話效果會更好。

3
不要將隆起的腹部當成是肥胖

狗狗若是患有腎上腺皮質機能亢進症或甲狀腺機能低下症的話，絕對不可以讓牠節食減重。就算體重增加，也不要輕易認為牠們是肥胖，一定要帶去動物醫院就診，盡量不要隨便讓狗狗減肥。

因病導致的肥胖

代謝低下或是暴飲暴食引起的肥胖稱為「單純性肥胖」，而疾病引起的肥胖則稱為「症候性肥胖」。

■容易罹患胃扭轉的犬種：尋回犬種、邊境牧羊犬、德國牧羊犬等

看診徵兆⑮

走路姿勢異常

未結紮的公狗會因前列腺肥大所帶來的疼痛及不適，而出現走路姿勢異常的情況。

為保護疼痛腳的步伐，要從脖子及腰部檢查

先來瞭解狗狗表達關節疼痛的肢體語言與動作吧。牠們抬腳或是拖腳的動作應該很容易被飼主察覺。狗是用四肢行走的動物，即使某條腿有點疼痛，也能利用其他腳來支撐行走。觀察牠們頸部和腰部的上下運動時也能輕易地察覺出異常。當狗狗踩到不會痛的腳時，脖子和腰部會下沉；但若是踩到會痛的那隻腳，脖子和腰部會為了減輕疼痛感而抬起。

1
限制狗狗運動，好好靜養

關節炎和變形性脊椎症是年邁狗狗常會有的疾病，因此發病後要限制牠們的運動。

肥胖導致惡化

肥胖會增加身體的負擔，其症狀也會跟著惡化。另外，也有些犬種天生容易罹患關節疾病，上了年紀會更容易引發關節炎。

2
後腿突然感到疼痛

後腿的前十字韌帶一旦斷裂，狗狗就會因為急劇疼痛而抬著後腿不放下來。高齡的大型犬經常出現這種情況，並且傷勢也不容易痊癒。

肥胖也是原因之一

隨著年齡的增長，肥胖也會成為韌帶容易斷裂的原因，因此飼主要為狗狗調整飲食，控制體重。

3
臀部肌肉變少

黃金獵犬、拉布拉多犬及牧羊犬等大型犬常見的髖關節發育不良，會讓牠們的體重集中在前肢，後肢則以保護的方式行走。這樣會導致臀部的肌肉衰弱，讓步幅變小。

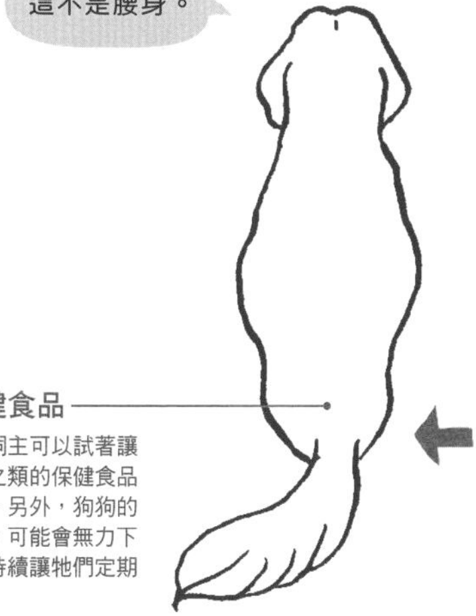

亦可使用保健食品

為了保護關節，飼主可以試著讓狗狗吃些軟骨素之類的保健食品來達到舒緩治療。另外，狗狗的肌肉量一旦減少，可能會無力下床，因此一定要持續讓牠們定期運動。

■容易發生變形性脊椎症的犬種：臘腸犬、柯基犬、米格魯等
■容易髖關節發育不良的犬種：尋回犬種、鬥牛犬、伯恩山犬等

看診徵兆⑯

背部疼痛

椎間盤突出症大多都是在家中發生意外而造成，因此要為狗狗改善生活環境，例如盡量不要有高低差。

先讓狗狗靜養並重新檢視生活環境

狗背部若是疼痛，最可能的疾病就是椎間盤突出※。特別是年紀大的狗狗往往因為肌肉力量衰退而使得患病率增加。牠們罹患這種疾病的主要徵兆是：不想動、疼痛反應、身體出現麻痺等。遇到這種情況要讓狗狗穩定下來，再帶去動物醫院。

椎間盤突出有時是因為狗狗在室內的地板上滑倒，或是從沙發上摔下來所致。因此飼主要為狗狗整頓出無障礙（P38）的環境，以提供安全的生活空間。

※　椎骨之間的椎間盤硬化突出，壓迫到脊髓的疾病。

1 防止在家中發生意外

因為室內的物品比較多，而容易發生意外。如果狗狗會四處活動，那就讓牠待在圍欄裡休息，這樣飼主也會比較安心。

樓梯也要注意

上下樓梯也會導致狗狗椎間盤突出，因此要在樓梯口處設置柵欄，盡量不讓牠們爬上爬下。

2 限制運動，好好靜養

當狗狗疑似有椎間盤突出時，首先要盡量不讓牠們運動。雖然有時候需要動手術，但通常會先考量到年邁狗狗的身體狀況再決定治療的方針。背部疼痛的病症除了椎間盤突出之外，還有變形性脊椎症以及脊椎腫瘤。

臘腸和柯基以外也會有

臘腸犬和柯基犬是容易罹患椎間盤突出症的犬種，不過其他犬種如果生活環境不佳，也有可能會發病。

3 拖著後腳背走路也是背部異常

狗狗如果拖著後腳背走路，不是因為腳會疼痛，而是椎間盤突出或變形性脊椎症等背部異常，導致神經無法正常傳遞到腳部所致。人和狗都有固有位置感覺，感覺得到原本的腳步方向。而狗狗若是用後腳背拖行，就表牠現在感覺不到腳步的方向。

步行異常會影響生活品質

背部異常若是影響到步行，狗狗的生活品質就會顯著下降。因此平時要細心觀察牠們的步伐。

■容易罹患椎間盤突出症的犬種：玩具貴賓、臘腸犬、西施犬、蝴蝶犬、柴犬、柯基、米格魯等

看診徵兆⑰

肛門異常

公狗肛門周圍的異常病症可以靠結紮來預防，一定要好好向獸醫諮詢。

像是摩擦臀部或是排便不順

狗狗如果出現摩擦屁股的動作，就有可能是肛門囊炎。狗狗上了年紀之後，肛門囊的分泌物就會不容易排出，進而增加發病的風險。沒有結紮的公狗發生圍肛腺瘤的機率比較高，因此排便時如果出現疼痛的模樣，那麼就有可能是肛門腺或前列腺的腫瘤造成。肛門腺癌亦會發生在母狗身上。只要狗狗肛門周圍腫脹，不易排便或排尿，就要懷疑是不是得了會陰疝氣。另外，肛門周圍的肌肉若是撕裂，也會導致直腸或膀胱脫出。

本書將按犬種介紹容易罹患的疾病。希望有助於管理狗狗的健康。

看診徵兆番外篇 各犬種易患疾病

	犬種	膝蓋骨脫臼	白內障	青光眼	乾性角膜炎	氣管塌陷	心臟衰竭	庫欣氏症候群	糖尿病	甲狀腺機能低下症	椎間盤突出症
小型犬	玩具貴賓	○	○			○	○	○	○	○	○
	吉娃娃	○		○	○	○	○				
	臘腸犬		○					○	○	○	○
	博美犬	○				○	○	○		○	
	約克夏㹴	○				○	○	○	○		
	西施犬		○	○	○	○	○	○			○
	蝴蝶犬	○				○					○
	馬爾濟斯犬	○	○			○	○		○		
	迷你雪納瑞		○		○				○	○	
	巴哥犬	○			○	○					
	傑克羅素㹴		○					○	○		
	騎士查理王獵犬		○				○				
中型犬	柴犬			○						○	○
	法國鬥牛犬		○				○				
	柯基犬										○
	米格魯		○	○				○		○	○
大型犬	尋回犬種		○						○	○	

COLUMN 3

高齡犬如廁訓練

有些狗習慣在戶外如廁，為了老年生活著想，最好也訓練牠們在室內如廁，這樣也可以降低罹患泌尿系統疾病的風險。如廁訓練的基本是教導排泄的命令，只要讓狗狗學會在陽臺排泄就可以了。在室內訓練狗狗如廁時，可以在尿墊上鋪層人工草皮，讓牠們利用腳底的觸感來記住如廁的地點，這樣就能提高訓練成功率。而且人工草皮也可以防止尿液飛濺，狗狗的腳也不會沾濕有以上等多項優點。

①在狗狗戶外經常排泄的地方鋪片人工草皮，牽繩拉短一點，等牠排泄完之後再給予稱讚。只要重複這個步驟，就可以訓練狗狗在人工草皮上排泄。②在自家前面或院子裡鋪上人工草皮，按照同樣的方法訓練狗狗排泄。③在室內靠近戶外的空間（如陽臺或窗邊）鋪上人工草皮，並在下面放塊尿墊，當狗狗需要如廁時（如飯後或散步前），再以相同的方式訓練。④在預定的室內位置設置便盆和尿墊。上面鋪層人工草皮，再以相同的方式訓練。⑤如果狗狗成功在室內排泄，就可以解開牽繩。自行排泄的情況若是不理想則再次回到步驟④，等待狗狗排泄意願較強時再試著引導、訓練。

第4章

終末期狗狗的
常見症狀及照護

面對疾病①

體表腫瘤的處置方法

腫瘤有良性和惡性之分。惡性腫瘤會迅速增大，而且還可能會轉移到全身，故要早期發現，早期治療。

透過肢體接觸早期發現

在所有腫瘤當中，體表的腫瘤算是比較容易被發現的。飼主每天在與狗狗進行肢體接觸時發現體表的腫瘤也不算罕見。淋巴結會形成淋巴瘤，母狗會有乳腺腫瘤，公狗則可能會有圍肛腺瘤以及睪丸腫瘤。腫瘤的初期症狀通常不會令狗狗感到疼痛，但會隨著逐漸增大而壓迫到周圍的血管和神經，進而引起疼痛。口腔內部也有可能出現腫瘤，因此飼主一定要仔細檢查狗狗身體的每個部位。

不要忽視任何小腫塊

即使是一個小小的腫塊，如果是惡性，就有可能在短時間內變大，如此一來就有可能會擴散到全身，因此要儘早帶狗狗去動物醫院檢查。

應該會好轉吧。

1 動手術切除或以藥物治療

腫瘤可以經由手術、化療及放射治療等方式來處理。但是要根據腫瘤的位置、大小以及良性或惡性等狀態來對症下藥，記得向獸醫確認具體的治療方法吧。

2 透過結紮與絕育手術來預防

母狗特有的乳腺腫瘤、公狗特有的圍肛腺瘤以及睪丸腫瘤會因為年齡增長而更容易發生。但是只要在牠們年輕的時候進行結紮與絕育手術，就可以預防腫瘤發生。

既然如此，那好吧～

預防乳腺腫瘤

預防乳腺腫瘤最有效的方法，就是在牠們第一次發情之前就為狗狗進行絕育手術。

3 遺傳上患病風險較高的犬種

黃金獵犬、拉布拉多犬、法國鬥牛犬、迷你雪納瑞、巴哥犬等犬種比其他狗更容易長腫瘤，因此要仔細檢查。

無法直接判斷

腫瘤光靠觀察或觸摸是無法區分良性或惡性。如果是惡性，腫塊變大的速度通常會很快。

我們很容易長腫瘤。

面對疾病②

關節疾病的處置方法

飼主平常就要多觀察狗狗走路的樣子，看看牠們的動作是否有異常，這樣才能早點發現問題。

不要過胖，生活環境也要兼顧

狗狗的關節疾病會隨著年齡增長而增加。例如會讓肘部、膝部、髖關節等部位疼痛的退化性關節炎，以及因為脊椎變形而引起疼痛的變[※1]形性脊椎症等，而且有些狗狗天生就有膝蓋骨脫臼或髖[※2]關節發育不全的問題。患有這些疾病的狗狗隨著年齡增長，這些部位就會非常容易轉變成關節炎，就連肥胖也是導致牠們症狀惡化的原因之一。若要加以預防，打造對關節無負擔的居住環境也很重要。

※1　脊椎的形狀隨著年齡增長而發生變化，也會引發疼痛。偶爾還會壓迫脊髓。
※2　連接大腿骨和骨盆的髖關節形狀先天性異常的狀態。

1 根據症狀積極舒緩疼痛

當狗狗表現出劇烈疼痛的行為時，飼主一定要讓牠們好好靜養，並利用藥物舒緩疼痛。等到疼痛消失之後，再遵照獸醫的指示慢慢讓狗狗恢復運動，好讓身體機能夠回復。

舒展筋骨時要察覺

在幫狗狗做伸展運動時關節若是發出聲音，或者讓狗狗感到疼痛，就要儘早帶去動物醫院檢查。

2 定期回診時用外出籠比較不會有負擔

飼主抱著狗狗去動物醫院回診時，有時候會對牠們的關節和背部造成負擔，所以出門前先讓牠們進到外出籠裡吧。

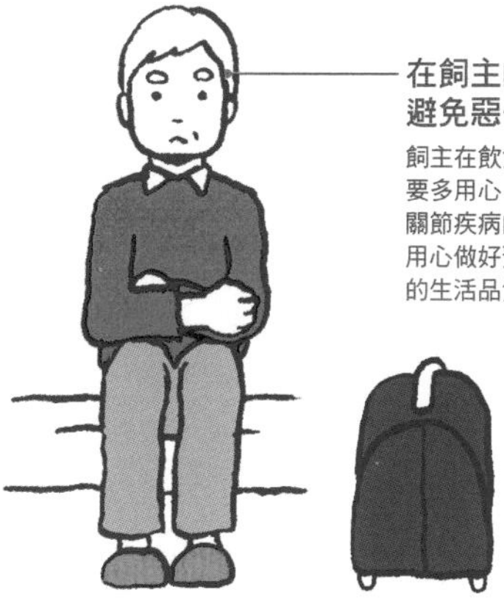

在飼主的細心照料下避免惡化

飼主在飲食、生活環境等方面要多用心，這樣才能防止狗狗關節疾病的發生或惡化。只要用心做好預防，就能保持愛犬的生活品質。

3 藉由用藥物和改變環境來治療

狗狗如果會感到劇烈疼痛，就根據病情給予消炎止痛藥，飼主亦可為牠們補充保健食品。此外也要注意室內的高低差，並且重新檢視環境，以確保地面不會滑。

小心跌倒

擺在沙發旁的坡道也要選擇防滑材質。也可以配合狗狗的情況選擇坡度較緩的坡道。

■容易發生膝蓋骨脫臼的犬種：玩具貴賓、吉娃娃、博美犬、約克夏㹴、蝴蝶犬、馬爾濟斯犬、巴哥犬等

面對疾病③

消化系統疾病的處置方法

有些疾病可能會引起腹膜炎，會立刻危及到狗狗的性命。只要發現牠們突然失去活力飼主就要特別注意。

食慾不振、腹瀉、嘔吐需要及早處理

狗

狗體內消化液的分泌量會隨著年齡增長而減少，就連胃腸蠕動也會變得較為遲緩。過度飲食或是攝取高脂肪食物時對腸胃造成的負擔會比年輕時還要來得嚴重，而且還非常容易導致腹瀉或嘔吐。而應注意的消化系統疾病有：胰腺炎、腸胃炎、胃擴張和胃扭轉症候群以及膽※沙鬱積（在膽結石前會有的狀態）。有些疾病可能會變成慢性病，但如果是急性，一定要及早治療。特別是高齡的狗狗體力會迅速下降，如不及時處置，可能會影響到生命。

※　膽汁變成泥狀，積存於膽囊內的疾病。

Pray for肚肚。

1 注意疼痛的徵兆

狗狗要是彎著背，身體蜷縮，就代表牠們腹部劇烈疼痛。另外，如果狗狗不願意走動，或者突然變得無力，就要儘快帶去動物醫院檢查。

祈禱的姿勢

肚子正在痛的狗狗可能會擺出祈禱般的姿勢。這是牠們肚子痛的徵兆，飼主要謹記在心。

2 如果想吐卻吐不出來就要立即帶去動物醫院

狗狗若是發生胃扭轉，就會出現想吐卻吐不出來的症狀。胃扭轉是一種緊急疾病，若沒有及時處理，狗狗就可能會在24小時之內喪命。

肚子脹脹的。

大型犬常見的疾病

胃扭轉是指胃的出入口因為阻塞而導致氣體和胃液積聚，結果使得腹部膨脹的疾病。只要狗狗出現嘔吐的動作，但是卻吐不出東西，而且突然間變得非常虛弱，就有可能演變成休克。就算是小型犬，只要步入高齡也有可能會發病，所以要特別注意。

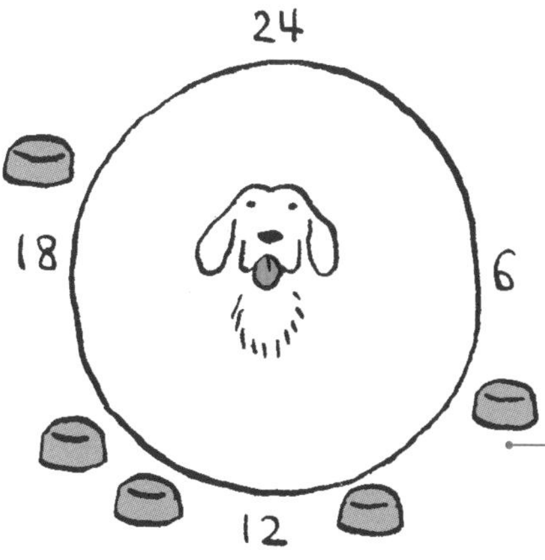
24
18
6
12

3 每餐分量少一點，低脂肪且含有適量的蛋白質

平時的飲食內容不會對狗狗的消化器官造成負擔是很重要的事。狗狗若是步入高齡，就要少量分次餵食低脂肪的食物。

飯後盡量不要運動

除了調整供餐次數及品質，狗狗飯後也不要讓牠進行劇烈的運動，才能預防胃扭轉。若要進行激烈的運動，盡量在飯後過2小時再進行。在狗狗起床後到第一餐這段時間，或者是用餐之前運動則對身體有益。

面對疾病④

循環、呼吸系統疾病的處置方法

要帶狗狗去做健康檢查，以便及早發現健康問題。除了採取避免症狀惡化的對策，同時也找到與疾病和平共處的方法。

改善生活環境，減輕狗狗負擔

心臟以及氣管疾病的發病風險因素之一是肥胖。肥胖會加重狗狗身體心臟和氣管的負擔，容易引發咳嗽、呼吸急促以及紫紺（Ｐ89）等症狀。

心臟以及氣管的主要疾病包括二尖瓣閉鎖不全[※1]、心肌病等心臟病，以及支氣管炎、氣管塌陷[※2]等等。

此外，也要調整狗狗所在的環境溫度，夏季要避免高溫和濕氣，冬季則要避免寒冷和乾燥（Ｐ40）。

※1　心臟的二尖瓣關閉不完全，導致部分血液逆流的疾病。
※2　氣管因為扁塌導致空氣流通不順，進而引發咳嗽等症狀。

1

半夜、運動或興奮的時候會咳嗽

二尖瓣閉鎖不全等心臟疾病，有時候狗狗會因為在晚上咳嗽而讓飼主察覺到病情。另外，運動或是興奮的時候狗狗若是會咳嗽，也有可能是心臟或氣管疾病的徵兆。

延緩症狀

二尖瓣閉鎖不全很難完全治癒，因此要將治療的目標放在延緩症狀上。例如改為低鈉飲食（療養餐），避免狗狗肥胖或是過瘦，盡量讓牠們維持適當體重，根據情況也要限制運動。

2

使用胸背帶來控制症狀

狗狗若是患有氣管塌陷或支氣管炎，將頸圈改為胸背帶可以讓牠們減輕氣管的負擔，減少咳嗽症狀出現。

不要在狗狗附近抽菸

二手菸會刺激狗狗的喉嚨以及氣管，使其症狀惡化，所以絕對不要在牠們的附近抽菸。此外，二手菸也會對牠們的眼睛帶來不良的影響。

3

小型犬要特別小心

許多小型犬種有遺傳性的二尖瓣閉鎖不全和氣管塌陷。主要的犬種有吉娃娃、約克夏㹴、玩具貴賓犬、博美犬和馬爾濟斯。

容易併發的肺水腫

肺水腫是二尖瓣閉鎖不全等心臟疾病容易併發的疾病。當狗狗一直咳個不停，或者沒有精神的時候飼主就要特別注意。

面對疾病⑤

泌尿系統疾病的處置方法

正如腎臟被稱作是沉默的器官，通常難以察覺腎臟病的初期症狀。若要早期發現，勢必要帶狗狗做健康檢查。

狗狗的身體大公開②

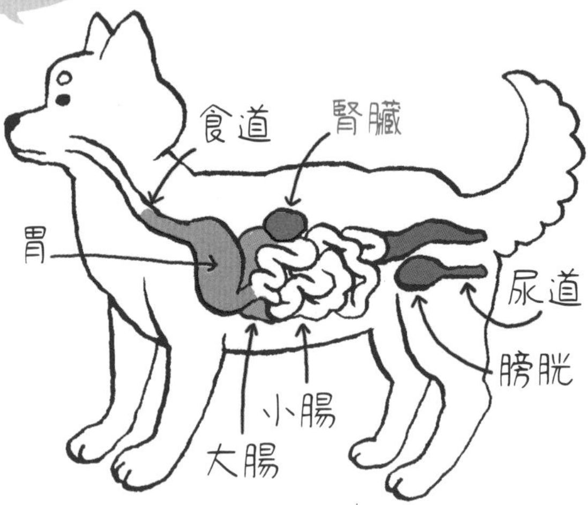

腎臟損壞達2／3才會開始出現症狀

在所有泌尿系疾病中，腎臟疾病在初期階段並不會有明顯的症狀，所以當飼主察覺時往往愛犬的病情已經相當嚴重了。上了年紀的狗狗若是患有慢性腎臟病，就有引發尿毒症※的風險，此時就要透過飲食管理和輸液治療來減緩病情惡化。除此之外，狗狗若是長期臥床而且有排尿困難的情形，牠們得到膀胱炎的風險就會增加。因此飼主要按照獸醫的指示，讓狗狗進行長期的抗生素治療。

※　腎功能明顯下降，導致各種老舊廢物和尿毒物質囤積在體內的症候群。

1
通過飲食管理來延緩病程

狗狗如果得了慢性腎臟病，飲食上就要多加注意。像是鈉及蛋白質的攝取量就不能太多。只要妥善管理好飲食，就可以延緩病情惡化。

注意尿毒症

腎臟病只要一惡化，就會引發尿毒症。因此飼主要定期帶狗狗去動物醫院做血液和尿液的檢查喔。

2
長期臥床的狗狗需要特別注意

臥床的狗狗無法自主排尿，因此細菌容易囤積在膀胱中，所以飼主要透過按摩等方法來促進狗狗排尿。

把檢查尿液當作日常習慣

每天檢查並注意狗狗是否有少量尿液頻頻出現、尿中帶有血絲，或者頻繁舔舐陰部等異常情況。

經由檢查，早期發現

腎臟一旦失去功能就無法恢復。因此飼主要定期帶狗狗做健康檢查，以便及早發現健康問題。

3
通過飲食和服藥來改善

在治療腎臟病的過程當中，狗狗需要採用低蛋白飲食療法，並且多喝水。除此之外，還要根據狀況來投藥。如果是膀胱炎，就要進行抗生素治療。

面對疾病⑥

生殖系統疾病的處置方法

隨著狗狗年齡的增長，也會更容易發生生殖系統的疾病。因此在初期階段發現愛犬的可疑行為非常重要。

早期的結紮、絕育手術可以減少生活壓力

進行結紮或是絕育手術能有效預防生殖器疾病。像是公狗的前列腺腫大[※1]，以及母狗的子宮蓄膿症[※2]都可以經由結紮或絕育手術來預防。

結紮以及絕育手術不僅能預防疾病，還能減輕狗狗的生活壓力。例如公狗會因為搶奪地盤而非常在意其他公狗；母狗的話發情期後會出現假懷孕現象，還會把玩偶當作小狗來保護。這些行為其實都會讓狗狗感到壓力，因此結紮以及絕育手術也可以幫助消除這樣的行為。

※1　前列腺的細胞隨著年齡增長逐漸增多並腫大的狀態。不僅會讓狗狗不願意走路，還會伴隨便祕等症狀。
※2　子宮內部發生細菌感染，導致膿液囤積的疾病。

要早一點喔。

早期結紮最為理想

生殖系統疾病一旦惡化，有時候就算有風險，也要為狗狗進行絕育或是結紮手術。因此為了有效預防及早動手術最為理想。

1 高齡的狗狗也能做結紮及絕育手術

如果不幸發病，就為狗狗進行結紮以及絕育手術來治療。這是攸關性命的疾病，因此要及早動手術。如果是母狗，最好在5到6個月大之後、首次發情前後進行手術。

2 記住公狗的初期病徵

前列腺腫大的初期症狀是排便困難或糞便變形。此外，狗狗也可能會因為疼痛而不願意行走，或者是步伐異常，病況若是再拖延下去，也會出現排尿困難。

沒有尿尿耶。
尿不出來。

其他病徵

除了便祕或是走路方式之外，小便不順、頻尿或者是血尿都是前列腺種大的徵兆。

3 記住母狗的初期病徵

如果是子宮蓄膿症，大部分的飼主應該會注意到狗狗變得非常在意陰部，而且會一直去舔舐，或者在發情期結束後陰部出現分泌物。若是病情持續發展，還會出現食慾不振或喝多尿多等情況。

因為很在意嘛。

掌握病徵

因陰部的膿會被狗舔掉。既然如此，舔舐的動作就是一種徵兆，沒有活力及食慾不振也是。

出現與年輕時不同的行為

近年的研究已經證明藥物治療行為問題的效果。
向動物行為治療專家諮詢看看吧。

隨著年齡增長而頻繁出現的行為

會因為年齡增長而變化的，除了外貌和健康狀況以外，行為舉止也會有所不同。年紀漸長的狗狗會因為種種因素而有更容易感到不安或恐懼的傾向，表現出例如不斷吠叫或是破壞物品的行為。有些問題是牠們年紀大了之後突然出現，有些則是年輕時就已經存在，但現在變得更加明顯。行為問題很難透過訓練來矯正，因此遇到困難時最好向動物行為治療專家諮詢比較安心。此外，飼主也可以到大學附屬動物醫院或專門診所向專家請教。

1
飼主不在時做出令人困擾的行為

有時候狗狗會因為孤獨而感到不安，進而引發問題行為，這種情況稱作「分離焦慮」。為了減輕狗狗的焦慮，飼主最好向專家請教比較安心。

要適度使用「我出門囉」

感情豐富的飼主總是會喜歡對寵物說「我出門囉」。不過，飼主要知道狗狗的分離焦慮有時會因為這些「告別儀式」而加劇。所以不管是外出還是回家，都要以平靜的心態來應對。當狗狗興奮的時候也要忽視，直到牠冷靜為止。

2
對於聲音過度恐懼

狗狗有時會對於巨大聲響或是不熟悉的事物感到極度恐懼，而飼主過度的呼喚反而會讓情況更嚴重，因此要多加留意。狗狗若是處於驚慌狀態就先忽視牠，等到牠冷靜下來之後再加以表揚。要是狗狗恐懼或不安的情況若是太過嚴重，就要向獸醫諮詢，開立處方藥。

不安的時候在旁靜靜陪伴

當狗狗不安的時候不要大聲喊叫，否則會讓牠們在心中留下飼主也會感到不安的印象。先冷靜下來，再溫柔地陪伴在牠們身旁。

3
視力衰退也會出現攻擊性行為

狗狗視力若是變差，可能會察覺不到有人靠近，要是受到驚嚇會本能地發動攻擊，尤其是在伸手要觸摸牠時特別容易發生。如果突然變得有攻擊性，那就要針對起因善加處理。

有時不想讓人摸

不想讓人摸的原因有可能是身體會痛，不希望有人碰。為了知道原因，建議飼主帶狗狗去動物醫院檢查。

瞭解狗狗的認知障礙

隨著狗狗認知障礙研究的發展，如果核磁共振（MRI）變得普及，就有可能像人類一樣，發現早發性失智症或阿茲海默症了。

原地打轉
嗷嗚
晚上嚎叫
生活日夜顛倒
柴犬較常發生認知障礙，其次是日本犬系的混種狗
鑽進狹窄的地方，無法後退

多見於受歡迎的長壽犬種

狗狗一旦上了年紀，有時會出現認知障礙，而且通常會在13歲到15歲這段期間出現徵兆，並且逐漸惡化。會發病的犬種大多為受歡迎的柴犬、㹴犬以及壽命較長的日本犬混種狗。近年來由於狗狗的平均壽命延長，罹患認知障礙的情況也有所增加。對於飼主來說，看護上也要注意不要太過勉強。換句話說，壽命較長的狗得到認知障礙的機率會比較高。大家可以利用「高齡犬認知障礙檢查表」（P117）來確認自家愛犬的狀態。

高齡犬認知障礙檢查表

計算愛犬符合幾個項目，從下表判斷出認知障礙的程度。

生活節奏如何？	□A　白天的活動時間減少，睡眠時間增加
	□B　白天除了吃飯，其他時間都在睡覺，但是半夜會走來走去
	□C　在B的狀態時，就算飼主叫也叫不起來
食慾和排便情況如何？	□A　食量沒有變，但有時會便祕或腹瀉
	□B　食量比以前多，幾乎不會腹瀉
	□C　異常地能吃，不會腹瀉※
上廁所情形正常嗎？	□A　偶爾會搞錯排泄的地方
	□B　四處排泄，有時還會失禁
	□C　會在睡覺的同時排泄
教過的事還記得嗎？	□A　有時候會忘記
	□B　不會對特定的指令做出反應
	□C　幾乎不記得了
情感表達和反應如何？	□A　對其他人和動物的反應比以前遲鈍
	□B　對其他人或動物沒有反應，只會對飼主做出回應
	□C　對飼主也完全沒有反應
叫聲呢？	□A　彷彿在抱怨的叫聲變多了
	□B　叫聲變得單調，半夜也會叫
	□C　半夜到了特定時間就會開始叫，完全無法阻止
走路的樣子呢？	□A　速度比以前慢，有時還會搖晃不穩
	□B　搖搖晃晃，走的路線歪歪扭扭
	□C　會朝同一個方向轉圈圈
會後退嗎？	□A　鑽進狹窄的地方時，倒退偶爾會有點困難
	□B　鑽進狹窄的地方時，無法後退也出不來
	□C　在B的狀態，即使是房間的直角角落也出不來

※　一般來說，年邁的狗狗消化功能會下降，容易拉肚子。

只有A，或只有1個B 幾乎沒有疑似認知障礙的症狀	不用擔心狗狗有認知障礙，應該只是普通的老化現象。保持充分的肢體接觸和健康的生活方式即可。
B超過2個 可能有認知障礙？	認知障礙高風險群。再這樣下去的話，可能就會開始出現症狀。參考下一頁的內容，採取可以延緩狗狗認知障礙的生活習慣。
C有1個以上 認知障礙的可能性大	算是正在慢慢發展成認知障礙，接受治療有可能改善症狀。向獸醫諮詢，並改善生活習慣。

出處：內野富彌等（1998），〈失智症的診斷標準100分法〉

如何與狗狗的認知障礙共處

看見家裡的愛犬有失智症狀，心情難免會變得沉重。儘管如此，飼主還是要保持從容的心態，千萬不要為了看護過於勉強。

調整生活節奏和環境

狗狗一旦有認知障礙，學習能力和適應能力就會逐漸下降。話雖如此，只要不改變牠們之前的生活節奏和環境，狗狗在初期階段還是可以過著和以前差不多的生活，不妨根據症狀的進展來調整環境吧。狗狗認知障礙的發病機制雖然還有許多未知之處，但目前已有報告提出一些有效的應對方法。例如避免讓牠們過著單調的生活，服用緩和病情的藥物等，就讓我們從能力範圍內的事開始做起吧。

1

透過肢體接觸給予刺激

飼主平常就要與狗狗維持親密肢體接觸，並給予牠們適度的刺激。同時也要關心狗狗，盡量不要讓牠們感到孤獨，這點也很重要。有時飼主的存在也可以讓狗狗感到安心。

根據身體狀況調整運動

運動也會有助活化狗狗的腦神經細胞。此外，讓牠們在白天的時候沐浴在陽光之下，可以避免生活節奏日夜顛倒。

2

與獸醫商量後使用藥物或保健食品

可以利用藥物或保健食品（如DHA※和EPA）來延緩症狀惡化的速度，減輕狗狗的焦慮。要是牠們出現徘徊或半夜吠叫的行為，就使用鎮靜劑幫助調整生活作息，有助稍微減輕症狀。

※　能增加腦部血液循環的必需脂肪酸。魚類通常含量較豐富。

拋棄成見

有些人會認為藥物對狗的身體不好，但切記想要治療狗狗，藥物和保健食品還是有其效果。

3

狗狗若有認知障礙，不要獨自承擔看護工作

認知障礙需要的不是緊急處理，而是耐心相伴。所以飼主千萬不要獨自一人承擔，可以暫時委託動物醫院照顧，讓自己有點時間喘息。

不停徘徊的對策是兒童游泳池

將狗狗放進兒童用的充氣游泳池裡，也能避免有徘徊症狀而且會在家裡四處亂轉的狗狗因為碰撞家具而發生意外。

面對臥床生活①

打造安心的環境

飼主在幫狗狗伸展筋骨或按摩時，可以一邊觀察牠們的樣子。如果狗狗會痛，那就盡量在牠們不會感到疼痛的範圍內進行。

放鬆肌肉和關節，維持活動範圍

為防止狗狗臥床不起，飼主要積極幫牠們做伸展操或是按摩，好讓關節維持功能。狗狗的腰、腿部若是衰弱下來，特別是大型犬或腿長的狗，往往會變得難以自行站立。如果愛犬在有人幫助的情況之下如果還能走動，就盡量讓牠們維持此狀態，以延緩肌肉量減少的狀況。

就算狗狗已經臥床不起，也要利用臥床時能進行的復健來幫牠們舒展肌肉和關節。同時也要盡量保持關節的活動範圍。

1
將睡床放在熟悉的地方

為了讓狗狗感到安心，睡床最好都放置在原處，盡量不要移動。對狗來說，待在看得到家人的地方牠們會比較安心。

應對突發狀況

發生狀況時，飼主要能及時應對也很重要。

2
適度滿足狗狗的需求

狗狗有時候會因為身體逐漸失去自由而感到不安，或是想要讓人扶起來、想吃、想喝水而吠叫。如果牠堅持在非用餐的時間進食，可以給予少少的量，而且飼主要盡量用手餵食。

也要重視溝通

許多上了年紀的狗狗會因為臥床而感到不安，因此飼主也要努力透過溝通建立起良好的氣氛。

3
利用按摩來促進血液循環

大型狗若是臥床不起，腿部就會非常容易水腫。飼主可以慢慢地從腳尖到腿的根部揉開狗狗容易僵硬的關節和肌肉。

溫暖關節

使用熱敷墊為狗狗溫暖關節，有助於讓牠們的關節活動更順暢，也能提高按摩的效果。按摩之後要冰敷。至於溫熱以及冰敷的時間，一定要遵循獸醫的建議。

面對臥床生活②

透過每天的呵護預防褥瘡

要避免狗狗長褥瘡，需要細心的呵護。
如果不幸長出褥瘡，飼主要盡量保護傷口並且保持清潔。

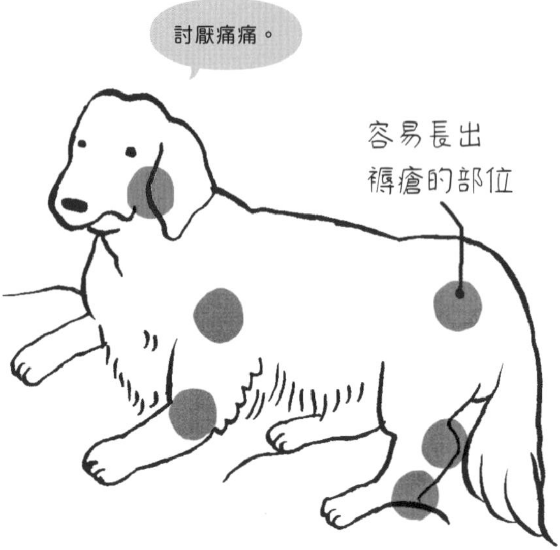

每隔2到3小時就要幫忙翻身

狗狗若是長期臥床，牠們的臉頰、肩膀、腳踝、腰部，以及腳跟等骨骼突出的部位會比較容易長褥瘡。為了預防褥瘡，飼主除了幫助狗狗翻身之外，也可以使用彈性適當，例如聚氨酯材質的床墊，並且在容易發生褥瘡的部位鋪上墊子或是海綿。

當發現褥瘡時，最重要的是一定要儘早帶狗狗去動物醫院接受治療，以防止病況惡化。

1
翻身①
讓狗狗站起來

握住狗狗的前肢將其扶起，抬起上半身之後用手支撐後肢，讓狗狗站起來。

不好意思呀。
飼主在幫中大型犬翻身時，一定要以跪姿進行，這樣扶持的人才不會傷到腰。

2
翻身②
不要前傾抱起

雙手從狗狗的身體下方好好抱住，然後抬起。向前彎腰的姿勢會對人的腰部造成負擔。

讓胸部和腹部緊貼著狗狗的身體，如此一來就能抱得穩。

3
翻身③
慢慢地放在睡床上

換個方向之後，輕輕地將懷裡的狗狗放下，讓牠躺下休息。幫狗狗翻身的時候，重點在於採取不會對人跟狗造成負擔的動作，輕鬆進行。

啊～好輕鬆。
不將狗狗抱起來，直接躺著翻身的話，反而會對飼主的身體造成負擔。

睡床保持整潔非常重要。所以飼主要特別注意不要讓排泄物殘留在狗狗的睡床上。

面對臥床生活③

排泄的護理

排泄物要立即清理，並且擦拭身體

就算是臥床的狗狗，排泄後也要盡量幫牠們保持舒適與清潔。紙尿布穿太久狗狗會感到悶熱，而且排泄物也會沾在毛髮上，這樣飼主在清潔的時候反而會更加麻煩。與其如此，不如利用尿墊，這樣就可以在狗狗排泄之後馬上處理，擦牠們的身體時也會比穿紙尿布來得輕鬆。臥床不起的狗狗腸道蠕動的速度往往會減緩，容易便祕；因此除了按摩，還要多給予富含膳食纖維的食物，也要多讓牠們攝取水分。

1
睡床鋪層尿墊

如果可以就近照料狗狗，以狗的腰部為中心，在其身體下方鋪層尿墊，讓狗狗隨時都可以排泄。

尿墊的鋪法

睡床與尿墊之間可以鋪上一層防水床單或浴巾，以此幫助睡床保持清潔。

2
不在身邊的時候讓狗狗穿上紙尿布

飼主在夜間或者必須離開狗狗時，要是讓尿墊不收一直鋪在睡床上的話，當牠們的身體移動，就會因為沾上排泄物而弄髒身體。如果要給狗狗穿紙尿布，屁股周圍的毛就要剪短一些，這樣才好清理。

以人類使用的紙尿布替代時

市面上雖然有狗尿布，不過將人類使用的紙尿布前後反過來穿上也可以替代使用。

3
幫狗狗按摩，促進血液循環

當狗狗無法自行排泄，可以從腹部往肛門方向輕輕按壓促進排便，若要刺激排尿的話則是輕壓膀胱。

按摩腹部

從腹部前方往後方按摩的動作可以促進排便。

如何為「終末期」的狗狗選擇醫院

在生命的末期，有時會發生難以預料的狀況，因此事先預想所有可能性非常重要。

與主治獸醫建立信賴關係

考量終末照護可能的情況，請飼主要好好選擇一家能夠讓自己信賴的獸醫和動物醫院吧。

平時要多與獸醫討論，以瞭解對方的想法。當狗狗的終末期接近，就會頻繁發生夜間病情急劇變化，或是其他的緊急狀況。因此飼主要事前確認動物醫院在緊急之下是否能夠提供支援，或者請獸醫介紹其他可以在夜間看診的動物醫院。為了在緊急情況發生時能冷靜處理，身為飼主一定要做好事前準備。

1
選擇家訪服務

臥床不起的狗狗如果不方便帶到動物醫院，或者沒有車能自行前往，有些動物醫院會有家訪往診服務。家訪服務的費用因醫院與住家之間的距離而有所不同，如有疑問不妨事先洽詢看看。

事先確認獸醫是否有提供家訪服務

不過家訪時由於設備有限，能提供的診療勢必會受到限制，因此一定要好好確認看診的範圍。在日本有的動物醫院還會提供接送服務。

2
調查好住家附近可以應對緊急情況的動物醫院

因為主治獸醫而選擇的動物醫院有時距離飼主的住家稍微有點距離。為了以防萬一，調查離家比較近、能夠在緊急情況下迅速處理的動物醫院會更加放心。

飼主交流平台也很重要

在動物醫院候診時，說不定會遇到可以一起分享煩惱或交換資訊的飼主。

3
選擇理念相近的醫院

像是希望狗狗在看護期和終末期階段接受什麼樣的治療等，有賴於平時多多與獸醫溝通交流，建立信任關係。若要尋求第二意見或是專業醫療時，也可選擇大學附屬的動物醫院等想法與自己相近的獸醫或動物醫院。

好獸醫的判斷標準

對飼主自己來說「容易溝通」就是選擇愛犬獸醫的標準。

順利到醫院就診的方法

比起年輕時期，狗狗上了年紀之後看診的機會增加許多，因此飼主要做好不會對狗狗造成負擔的準備。

平時就要讓狗狗熟悉外出籠

要盡量減輕在前往醫院途中為狗狗所帶來的壓力，因此必須要先讓牠們習慣進入外出籠。若是飼主平常沒有養成這個習慣，卻只有在前往動物醫院看診的時候才使用外出籠，就會造成牠們的壓力。

就算是自行開車帶去動物醫院的時候也要注意，盡量不要讓狗狗的身體有所負擔。除了將外出籠固定在比較不會搖晃的後座之外，也要記得妥善控制車※內的溫度。

※　夏季大約在25℃到26℃，冬季大約在22℃到23℃左右。

1

搭乘電車前往醫院時要避開尖峰時段

當然是一定要讓狗狗進入外出籠中，除此之外也要顧及周圍的人以及不讓狗狗有所負擔，前往醫院時要盡量避開上班、上學的尖峰時段。

雖然不是狗狗的錯

但是電車上可能會有人對狗過敏甚至感到害怕。為了避免造成彼此的不愉快，也為了不增加狗狗的負擔，外出時應盡量避開尖峰時段。

將外出籠放在膝蓋上

為了顧及其他乘客，外出籠要放在膝上，將觀看的小窗朝向主人，如此一來狗狗也會更加放心。

2

大型犬的牽繩要拉短並抓緊

在動物醫院的候診室也要遵守禮儀。為了顧及其他狗狗和動物，沒有放入外出籠的大型犬要將牽繩拉短。此外，不論狗狗的體型大小，候診室擁擠時不要將牠們放在椅子上。

在車內等候

狗狗若是處於臥床不起的狀態，可以先向櫃台說一聲，叫號之前先讓牠們在車內等待也不失為一個好方法。

開車前往時

自行開車前往看診時，要為外出籠繫好安全帶。另外，將外出籠放在車內中間的座位會比副駕駛座來得安穩不易晃動。

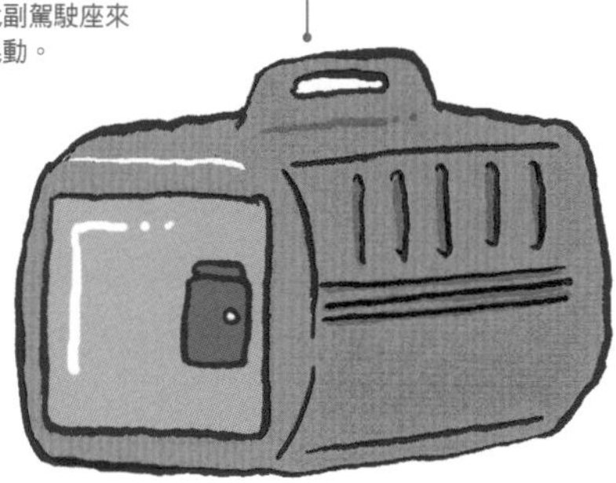

3

建議使用硬殼的外出籠

軟殼的外出籠在移動的過程中會壓迫到狗狗的身體。此外，硬殼外出籠也比較容易固定在車上。

萬一要住院

狗狗在終末期若是需要住院，飼主務必要先提前設想好緊急狀況。

決定好與醫院的聯繫體制

終末期的狗狗病情有可能在住院的期間內突然惡化，因此飼主要先告訴動物醫院自己的手機號碼，或者什麼時段可以連繫哪位家人，以便在緊急情況之下能夠立即前往。

除此之外，當狗狗病情惡化時，是否需要插管或是心臟按摩，這些都必須在住院時告知，畢竟我們總是希望能陪伴愛犬到生命的最後一刻。除了書中介紹的狗狗照護方法之外，與獸醫建立順暢的聯繫體制也很重要。

住院的判斷標準

住院的期間和費用會依狗狗的狀況而有所不同。先聽獸醫詳細說明，充分瞭解之後再做決定。

1

考量住院的優缺點

與飼主分離可能會讓狗狗感到壓力。不過，有時候住院所帶來的效果更勝於其他缺點。但最終還是要看飼主自己如何判斷優劣。

2

住院期間想要放在籠子裡的物品

住院期間會待在籠子裡，但又希望能盡量穩定狗狗的情緒，因此飼主可以放些平常牠們使用的毛巾、喜愛的玩具、餐具等沾有狗狗氣味的物品，讓狗狗更放心。

知道狗狗的安心物品

要知道住院期間準備哪些物品來幫助狗狗放鬆心情，可以從平時就觀察有什麼東西能讓狗狗感到安心。

3

住院中的狗狗壓力照護

飼主可以先確認醫院是否開放會面。如果是長期住院，有時會根據病情讓狗狗暫時回家一趟。這些都要在住院前先做好確認。

傳遞關心

住院中的狗狗可能會因為陌生的環境而感到不安。因此會面時一定要認真地告訴狗狗「最愛你喔」。

瞭解治療方式的選項

積極面對治療需要蒐集正確的資訊，並且從中選擇自己能夠接受的方式。

選擇自己能夠接受的選項

治療愛犬疾病的方法有很多種，重點在於如何從眾多資訊中篩選出適合的。「知情同意」是指獸醫對治療內容提供充分詳細的說明，並且飼主在獲得這些資訊後，自己也同意並接受該治療的概念。

當必須為愛犬選擇治療的方案時，人們難免會感到迷茫。既然如此，就站在「如果是自己接受治療，會希望用什麼方式」的立場來思考吧。

1 蒐集「負責任的資訊」

在網路上搜尋時，可以找到許多與疾病和治療方法有關的資訊。這些資訊在選擇治療方法時固然可以善加利用，但還是要參考由專家監修的書籍等，可信度會比較高。

有不懂的地方就要詢問

主治獸醫除了治療方式，在看護與終末照護方面的問題也能為飼主解惑。

狗

2 選擇治療方法的人是飼主

是要根據獸醫的說明，還是從自己蒐集的資訊中選擇治療方法呢？不管最後決定為何，都要經過仔細思考，選擇自己最能接受，不會後悔的決定。

手術
放射線
抗癌藥物
該選哪一個？

知情同意的真正目的

讓飼主和獸醫擁有共識，並且為狗狗選擇不留下遺憾的治療方法是知情同意的真正目的。

3 聽取多位獸醫的意見

聽取多位獸醫的意見也是決定治療方針的關鍵。若是想參考其他獸醫的看法，聽取第二意見也是一種方式。

XXX 動物醫院
△△ 動物醫院
獸醫B
獸醫A
好猶豫喔。

將資料帶過去

接受第二意見時，為了有助於治療，要盡量將過去檢查的資料一併帶去給獸醫參考。

考慮轉診醫療機構

飼主在選擇檢查或是治療方式時，也可以先瞭解能夠提供高階治療的大學附屬動物醫院或專科醫院吧。

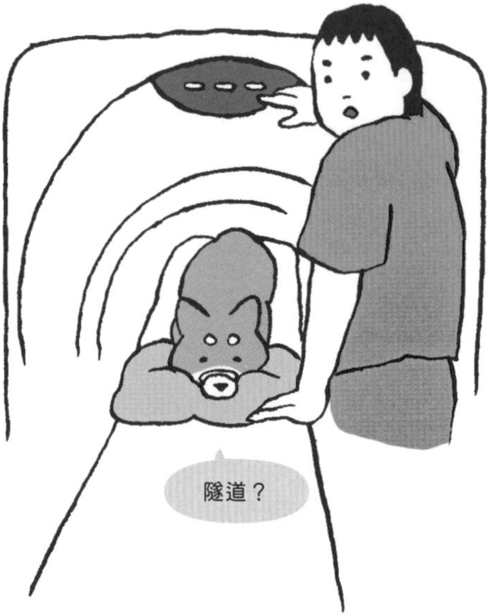

可以提供主治獸醫無法進行的高階治療

有些必要的檢查和治療需要到大學附屬動物醫院或是專科醫院就診。例如，當需要進行MRI檢查來診斷疾病時，因為原本常去的動物醫院設備有限，所以狗狗會被轉介到可以進行特殊檢查的機構。另外，如果是腫瘤等需要進行放射線治療等高階醫療，亦會被轉介至癌症專科醫院。這些都是因為一般的動物醫院所能提供給狗狗的治療方式有限，因此才有需要轉診至其他的醫療機構。

診療範圍

請記得大學附屬動物醫院並不提供急救醫療。

1 請主治的獸醫幫忙介紹

需要獸醫轉介通常是因為原本看診的動物醫院在檢查或治療範圍上有所限制，經獸醫判斷後有轉診至其他醫療機構的需要。這些醫療機構通常可以提供電腦斷層掃描、MRI以及放射治療等高階醫療服務。

2 與主治獸醫商量

有些飼主會要求獸醫介紹轉診的動物醫院，有些飼主則是為了徵詢第二意見而利用轉診醫療機構。

影像診斷中心

近年來出現了不少使用MRI和斷層掃描進行影像診斷的檢查中心，不過使用之前通常需要主治獸醫轉介。

3 盡量在預約時間的10至15分鐘前到達

在初次被轉介至某家大學附屬動物醫院或專科醫院就診時，通常需要飼主填寫一些基本資料，所以要盡量提早抵達喔。

確認看診流程

因為與一般動物醫院不同，專科動物醫院的就診過程可能會讓人感到不知所措。如果有問題就向獸醫請教，或者上專門醫院的網站查看。

基本的投藥方法①

餵狗狗吞藥錠

1

打開嘴巴

單手握住狗狗的上顎，將頭部抬起，另一隻手將其下巴往下拉，讓狗狗張開嘴巴。

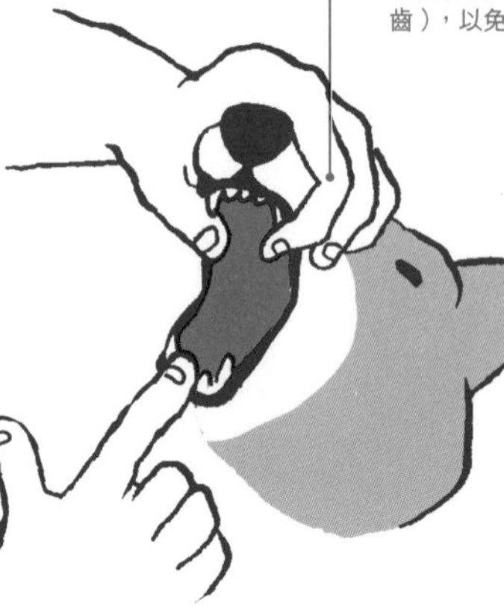
手要抓在犬齒的後方（前臼齒），以免被狗狗誤咬。
記得要先剪指甲。

2

將藥投入口中

盡量將藥丟到其嘴巴深處，以免一不小心被狗狗吐出來。放在舌頭深處會比較容易吞嚥。

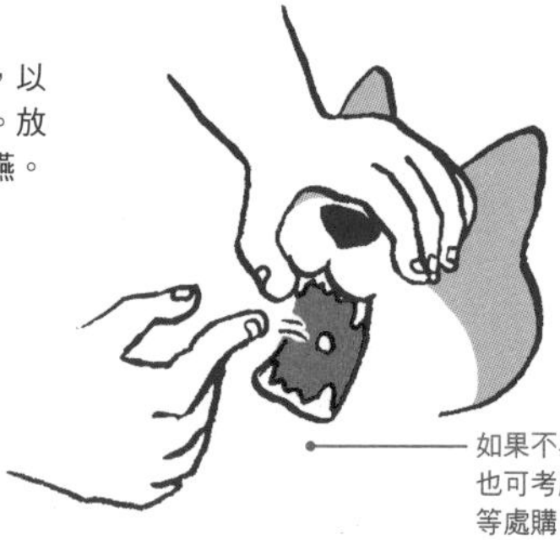
如果不易丟到嘴巴深處，也可考慮用可在動物醫院等處購買的餵藥器。

3

讓狗狗吞藥

把藥丟入口中之後，將狗狗的嘴巴闔上，確認是否已經吞下藥。還可以在牠們闔上嘴巴之後，用手輕輕撫摸喉嚨幫助吞嚥。

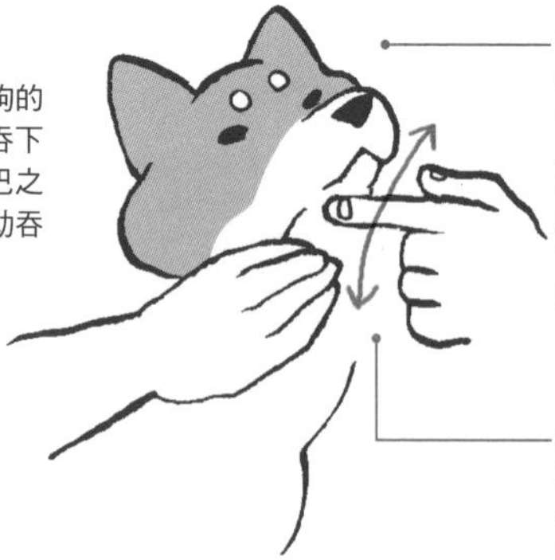
在狗狗服完藥之後一定要好好稱讚牠。P136～139的投藥方式①～④方法適用於所有的狗狗。若是狗狗拒絕吃藥，飼主一定要設法儘早讓牠們習慣，也可以向主治獸醫確認投藥方式。
如果狗狗不肯張開嘴就不要勉強。可以先用磨碎器將藥丸磨碎之後摻入食物中，或者加在牠喜歡的點心裡餵食。

基本的投藥方法②
餵狗狗喝藥水

1 準備藥水

餵藥水不需要針頭，直接用針筒即可。只要像圖示般握持針筒，就可以順利餵藥。

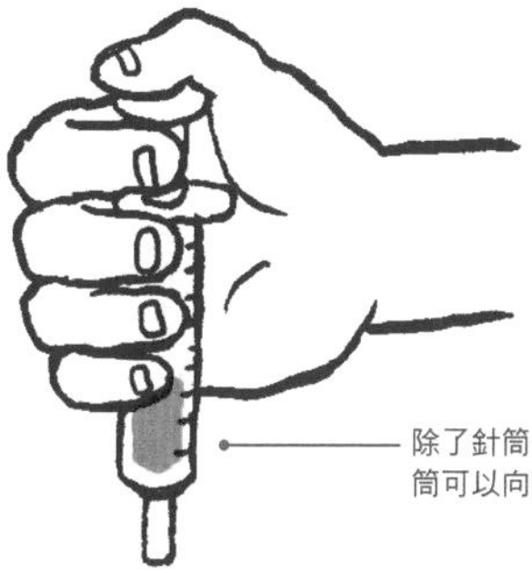

除了針筒也可以用滴管。針筒可以向動物醫院購買。

2 打開嘴巴

不用張大狗狗的嘴巴也能餵食藥水。只要拉起牠們臉頰的皮膚，讓嘴巴微微張開即可。

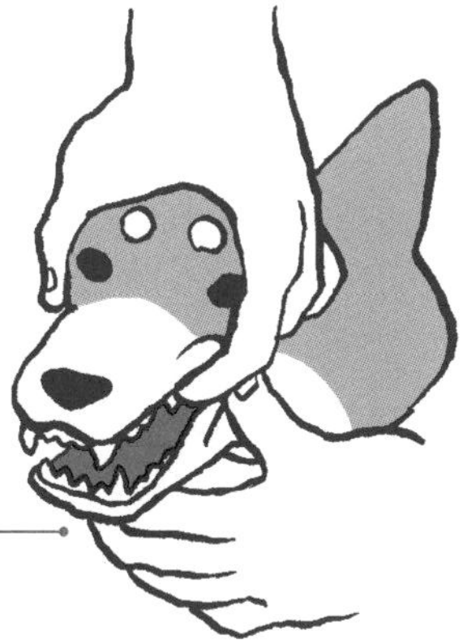

在拉開狗狗嘴巴之前，藥水要先倒入針筒中。

3 將藥水注入嘴裡

將裝有藥水的針筒插入犬齒後方或是臉頰的縫隙，緩緩注入藥水。

如果要讓狗狗服用藥粉或搗碎的藥丸，也可以用水調勻之後再用針筒餵藥。

基本的投藥方法③ 滴眼藥水

1
準備點眼藥

單手穩穩托住下巴，抬起狗狗的臉。

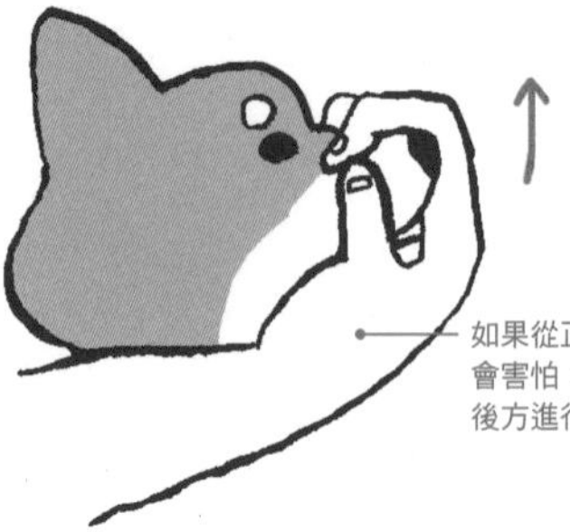
如果從正面滴眼藥的話狗狗會害怕，所以要盡量從狗的後方進行。

2
點眼藥

用拿著眼藥的手拉起眼皮。要是滴在黑眼珠（角膜）上刺激感會太強烈，所以要滴在眼白的地方。

注意容器的前端不要碰到眼睛。
點完眼藥後讓狗狗稍微仰頭，以防止眼藥流出。

3
點完眼藥後的照護

點好後輕輕闔上狗狗的眼睛，讓牠眨眼2～3次以幫助藥水吸收。

用紗布擦拭從眼睛溢出的眼藥。

基本的投藥方法④

施打皮下點滴

1

準備點滴

決定打針的位置。針要扎在狗狗頸部根部附近皮膚比較鬆弛的部位。

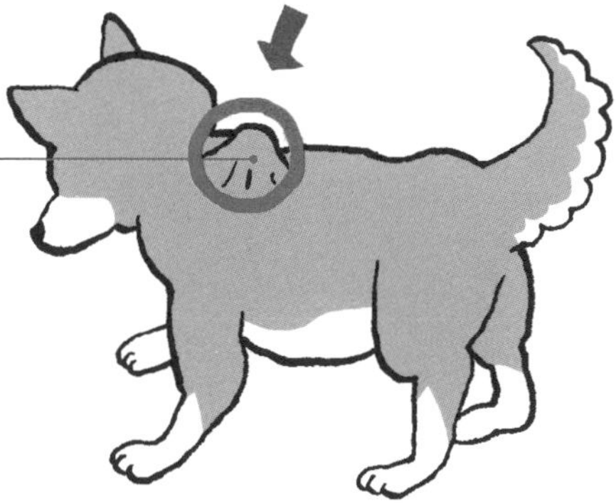
用拇指和食指的指腹捏起部分皮膚。

2

插入針頭

針頭輕輕推到底部，針扎入之後注入輸液。剛開始注入時要推慢一點。

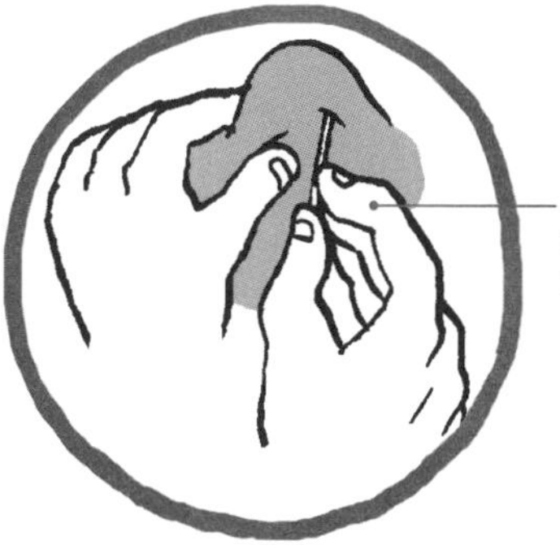
手握住針的根部，以 45 度角插入。

3

打完點滴後的照護

輸液滴完後再慢慢拔出針頭。接著用力捏住被針扎過的地方10秒。

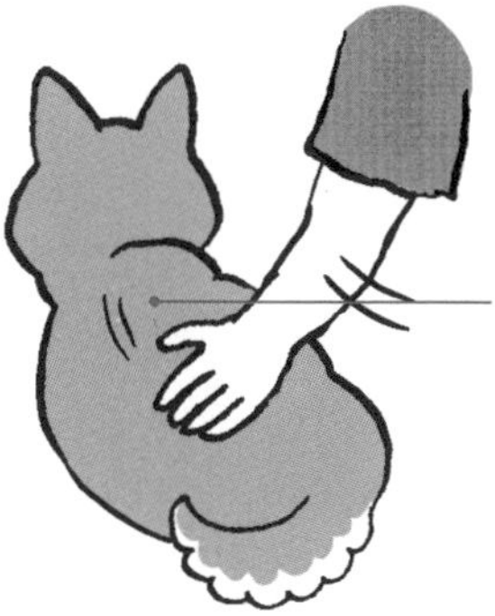
確認是否有出血或液體滲漏。

註　施打點滴需要一定的技巧，一定要先接受主治獸醫的充分指導，再來決定是否要自行施打。

狗狗的醫藥費很貴嗎？

飼養一隻狗每年的平均開銷約為36萬日圓※。如果沒有買任何寵物保險，飼主就要先存筆錢會比較放心。

※　出處：「Anicom 2022最新版本貓狗支出調查」。

飼主也可以選擇投保寵物險

寵物並沒有像全民健康保險這種需要強制投保的醫療險制度。在日本寵物健康保險的自付額是2至3成，飼主若未投保則需自行負擔全額。雖然取決於動物的疾病和治療方法，不過寵物的醫療費有時確實非常昂貴。狗狗要是進入老年期，醫療的費用就會跟著增加。因此在開始終末照護之前，飼主最好能慢慢地儲存一筆錢。如果飼主有投保寵物險（P141），就可以依照不同的方案減輕一些經濟負擔。

考慮寵物保險

在日本以終身續保為原則的寵物保險愈來愈多。只要早期加入，就算狗狗年紀漸漸增長也能得到保障。

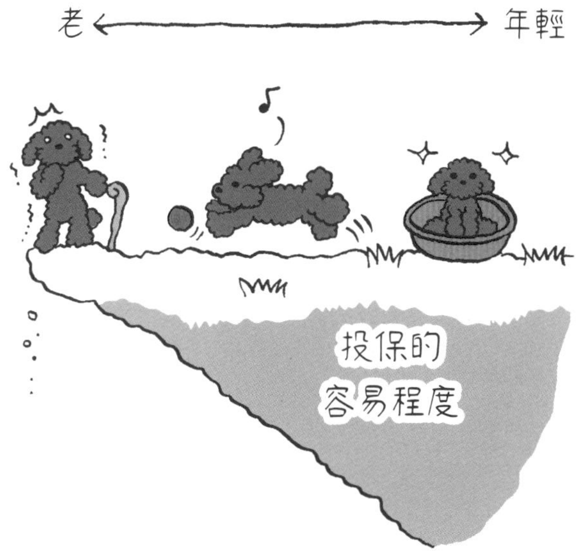

投保有年齡和健康等條件限制

寵物保險是由產險公司或小額短期保險業者提供，是利用保險金來補償醫療費用。依保險方案的不同，醫療費補助比例以及內容也會有所改變。無論是哪一種寵物保險，投保時都有年齡和健康上的條件限制，通常高齡犬和有疾病的狗都會無法加入，所以一定要儘早考慮。

以日本的狀況為例，寵物保險有兩種，一種是在動物醫院結帳時直接扣除理賠金額，另一種是事後由飼主自行申請理賠。

※ 根據統計，寵物保險一年的平均花費大約是35,000日圓。

COLUMN

4 使用復健設施

如同人類，狗狗的身體機能會隨著年齡的增長而不可避免地衰弱下來。只要關節變得僵硬，活動時就會引起疼痛，可見維持關節的柔軟度和肌肉量都相當地重要。即使椎間盤突出手術成功了，術後是否有好好復健，對康復的過程都會產生重大影響。

只要身體還能動，就要盡量讓狗狗保持活動，有效的復健和運動是避免臥床不起的重要對策。現在的日本在復健方面已有專門的機構，如動物醫院和復健中心。在我工作的醫院裡有個部門叫做「格拉斯動物醫院健康中心」，提供各種復健治療。為了鍛鍊狗狗的體幹和四肢，有些訓練包括使用犬用平衡球和平衡墊來運動，還有用4條牽繩從上方支撐狗的身體，減輕四肢的負擔，讓狗狗在懸吊步態訓練裝置上行走等訓練。如果飼主在家進行復健有困難，不妨善用這些復健設施。

第 5 章

狗狗臨終前後
可以為牠們做的事

終末照護前的心理準備①

臨終前家人能做的事

飼主全心全意為狗狗著想而決定的治療方案不會錯。讓我們盡自己所能、不留遺憾地陪伴在狗狗身邊吧。

不需為家人做出的決定感到後悔

當愛犬進入終末期時，飼主也許會感到後悔，自責當初自己應該可以給狗狗更好的治療或是看護。長期與其相處的飼主才是最瞭解狗狗的人，只要是為了愛犬，所做的決定都是正確的。如果是在充分與家人討論治療和照護事宜之後再做出選擇，通常可以減少飼主感到悔恨的心情。專注於自己可以做到的事，提前先做好準備。和愛犬之間的快樂回憶，一定能支撐你度過終末照護的難關。

如果飼主露出悲傷的表情，狗狗也會感到難過。就當作是為了狗狗，不要陷入悲觀，並且給予牠們溫暖的陪伴。

終末照護前的心理準備②

「只能等待死亡」的煎熬心情

別將不安的情緒傳染給狗狗

即使狗狗的生命終點將近，飼主仍然有可以為牠們做的事。治療與照護的階段一過，緊接而來的就是靜靜守候狗狗的時間。其實狗狗能夠細膩地察覺到飼主的狀態，雖然看著狗狗衰弱的模樣難免會感到心情沉重，但是飼主的不安情緒也會傳染給狗狗。終末照護並不是只有藥物治療或是手術而已，在狗狗生命的最後階段也要持續輕柔地撫摸牠、為牠整理睡床，盡可能別讓狗狗感到不安。

生命接近盡頭的徵兆

飼主要對臨終的徵兆保持敏感度。溫柔觀察狗狗的狀態，注意牠有無呼吸變化或是失去意識。

陪伴在身邊，守護臨終的徵兆

有許多的徵兆都可以顯示出最後的告別即將到來，例如狗狗無法進食和飲水，或是呼吸和心跳的狀態有所變化。在臨終之際，狗狗往往會失去意識。如果可以，會希望能夠如同燭火逐漸變弱、緩緩熄滅般迎接狗狗生命的最後一刻。然而，有些疾病會引發牠們持續的痙攣，因此飼主要做好心理準備來面對這種情況的發生。

1
觀察狗狗的呼吸狀態

留意狗狗呼吸的速度。要是呼吸變淺短急促，或者是深長緩慢，代表牠們的生命可能只剩幾小時了。這個時候就靜靜地在旁陪伴牠吧。

專注觀察

在觀察表情的同時，也要留意呼吸的深淺。輕聲安慰，溫柔撫摸，陪伴狗狗到最後一刻。

2
胸口的心跳變弱

臨終時的心跳通常會變得緩慢。可以將耳朵貼在狗狗的胸口上，這時的心跳聲應該會變得微弱且緩慢。在狗狗生命的最後一刻，要溫柔地陪伴在牠身旁。

狗狗的心跳率

健康的狗狗心跳率每分鐘約70到160次（小型犬為60到140次，大型犬則為70到180次）。

3
失去意識

在牠們接近臨終之際，有些狗狗可能會出現暫時失去意識的狀況。而在真正走到生命盡頭時，意識便不再恢復，進入昏迷狀態。

最後的照護

狗狗若是陷入昏睡狀態就要特別注意。飼主可以給予撫摸或擁抱，溫柔地守護著牠吧。

安樂死也是選項之一

當然要以狗狗本身為最優先考量，為了不要感到後悔，若是飼主感到猶豫就不要勉強。

狗狗痛苦時，對牠來說安樂死也是一個選項

若狗狗因為劇烈疼痛而受苦，此時飼主也可以選擇安樂死來幫助牠們解脫。這當中的關鍵在於狗狗是否會痛苦，當牠們無法再享用曾經喜歡的食物，當反覆出現的痙攣、呼吸困難讓狗狗飽受折磨，就算飼主竭盡全力去治療和加以照護，但是能為狗狗減輕的痛苦仍然有其極限。既然如此，就在「不要感到後悔」的大前提之下，將安樂死納入考慮的選項之中吧。

1
做出選擇的是家人

獸醫幾乎不太會建議飼主為狗狗進行安樂死，所以最後的決定權在於飼主。盡力做出全家人都能接受的決定吧。

蒐集資訊也很重要

若是煩惱，不妨向獸醫或身邊也有養狗的人尋求意見。

2
全家人一起討論

在做決定時，一定要確認全家人的意願，徵得每一個人的同意，這一點很重要。只要有一個人反對就不要進行。

能夠接受的選擇

全家人要誠實溝通，坦白說出內心想法，盡量做出所有人都能接受的結論。

3
如果猶豫務必就先喊停

如果感到困惑徬徨，就先不要急著下決定。在猶豫之中做出的選擇，有時在事後可能會因此而後悔。

好好確認自己的感受

為愛犬的生死做出抉擇是道難題，選擇自己可以真心接受的方法吧。

事先表達自己的想法，別讓自己後悔未能陪伴狗狗到最後。

在醫院迎來最後時刻

事先與醫院討論臨終相關事宜

狗狗有可能會在住院的期間迎來生命的終點。將狗狗託付給信任的獸醫，就算飼主無法陪伴牠們到最後一刻也不需要感到懊悔。為此，飼主應該要事先與獸醫充分討論終末照護等相關事宜，並提前告知獸醫當狗狗心肺停止時，是否要施行復甦處置；也要先向動物醫院確認狗狗離開後可以去接回家的時間。

珍惜終末照護的時光

當來到即將道別的時刻，只要時間允許就盡量陪伴在狗狗身邊。

直到最後一刻都要陪在牠身邊

如果是在家為狗狗進行終末照護，飼主對於臨終的徵兆就要特別敏感。狗狗在住院期間若是收到病情突然惡化的通知，有時候還能趕上見愛犬最後一面。當狗狗出現只剩最後一口氣的跡象，要溫柔地撫摸牠、抱抱牠，盡量陪在牠身邊。或許是至今對飼主的感情使然，曾聽說此時的狗狗會像是在等飼主回家一樣，在感受飼主的溫暖中走向生命的最後一刻。為了不留下遺憾，請守護狗狗直到最後一刻。

狗狗遺體的清理與安置

告別的準備充滿痛苦，但讓狗狗以美好的狀態離去，是飼主能為牠做到的最後照顧。

整理乾淨，為告別做準備

飼主的心情或許難受，但是狗狗的遺體不能放著置之不理。然而飼主也不用勉強自己，只要在能力範圍內安置遺體就好。既然是與自己相伴多年的愛犬，當然會希望牠能以乾淨整潔的狀態迎接葬禮。

要為牠清理口水、眼屎和耳垢等汙垢。有時候還會有尿液流出，因此臀部的周圍也要擦拭乾淨。以感謝狗狗帶來無數美好回憶的心情，好好準備與牠告別吧。

1
準備棺材

清潔好狗狗的身體之後，可以準備棺材安置遺體。夏季時為了防止遺體腐敗，安置期間可以放入保冷劑保持低溫。

狗狗剛離世時要立刻做的事

趁著身體還溫熱，將牠的四肢折向胸口。如果已經開始僵硬，就先輕輕按摩再小心彎曲四肢。

2
棺材裡要放的東西

鋪上狗狗生前使用的毛巾等，放上牠喜歡的東西和鮮花。不過等到火化時塑膠、金屬和保冷劑等物品要先拿起來。

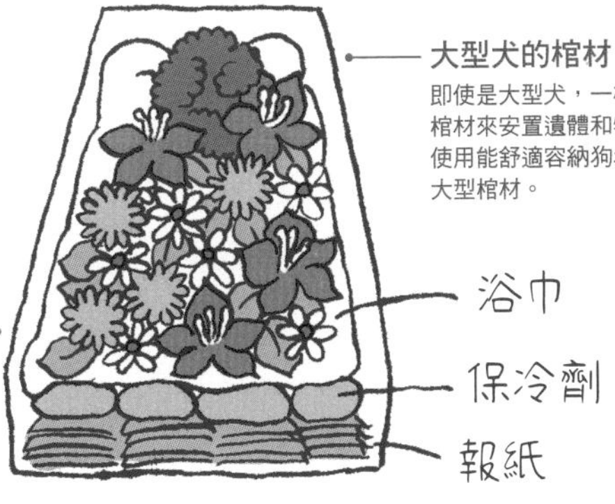

大型犬的棺材

即使是大型犬，一樣能使用棺材來安置遺體和物品。要使用能舒適容納狗狗身體的大型棺材。

安置棺木

棺木要放在陽光不會直射的地方。如果家裡沒有安置的空間，也可先洽詢寵物靈園，看看能不能先暫時寄放。

3
能請醫院幫忙做的事

狗狗若是在動物醫院離世，院方通常會協助處理遺體。例如在口中塞棉花，若有髒汙則會幫忙清洗毛髮。

在家處理時不需要勉強

狗狗若是在家過世，飼主可能會希望親自幫牠們擦拭遺體。但若是太難過也不需要勉強自己，直接請動物醫院幫忙吧。

舉辦葬禮告別愛犬

狗狗葬禮並沒有什麼非做不可的習俗或是禮儀。
若是感到苦惱，就向信任的對象諮詢吧。

事先蒐集為狗狗送行的資訊

如果不知道該選擇哪個業者，可以詢問主治獸醫看看。剛剛失去愛犬的飼主肯定會感到心煩意亂，根本難以分神去查詢費用等相關資訊，所以一定要儘早準備。透過主治醫師介紹能夠信賴的資訊來源，或是詢問曾經送別愛犬的朋友也是個不錯的方式。

關於葬禮和祭拜的方式並沒有所謂的規定，想要怎麼做完全取決於飼主自己的意思。

1 委託民間業者

向葬儀業者或寵物靈園委託火化。事先確認費用，為愛犬和家人選擇最合適的葬禮。

選擇葬儀業者的方法

為了愛犬，一定要仔細聽取說明，慎選業者。葬禮的費用通常依犬種、合葬或是獨葬等形式而定，在日本的情況普遍會落在2萬至6萬日圓之間。

2 選擇自家為永眠之地

將狗狗的骨灰放在家中保管，或者埋葬在自家的庭院也是方法之一。不過要是坑洞太淺的話，狗狗的遺體可能會被烏鴉等動物挖出來，所以要埋得深一點。

火化之後再埋葬

直接埋葬狗狗的遺體擔心鄰居會聞到氣味，這種情況可以將狗狗遺體火化，將骨灰留在家中保存或者埋在院子裡。

3 行政手續

在日本，犬隻死亡後的30天內，需向已註冊畜犬的市區町村役所提交死亡證明。並且連同狗牌和狂犬病預防針施打證明一起歸還。如果遺失或想要作為回憶保留，可以和相關機關商量看看。

有助於整理心情

狗狗走了之後如果不提交死亡證明，行政機關還是會照常寄出狂犬病的通知，反而會因此回想起已故的愛犬而觸景生情。就請飼主當作是為了整理心情，一定要記得辦理相關手續。

COLUMN 5

高齡犬美容

即使狗狗老了，也要為牠整理儀容。狗狗的毛髮會隨著年齡增長而變得稀疏，即使按照年輕時的方式修剪，也未必能保持理想的狀態。儘管如此，還是要為狗狗保持身體清潔，修剪多餘的毛髮。這麼做不僅可以維持狗狗健康，也是人與狗在室內舒適共處的關鍵。

不過，有幾個重點要注意。如果狗狗有心臟病等宿疾，在美容的過程中身體狀況有時候會突然惡化，因為洗澡和吹乾會對牠們的心臟和呼吸系統帶來負擔。另外，在美容的過程中，因為吹乾毛髮而中暑的情況更是層出不窮。如果狗狗患有牙周病，甚至還可能在美容的過程中，因為按住下顎而導致下顎骨折，像這樣的意外也曾經發生過。這是因為嚴重的牙周病會溶解顎骨，讓骨骼變得脆弱。

因此高齡犬美容有上述等狀況需要特別留意。有些動物醫院也會提供美容修剪服務，美容的時候身旁有瞭解疾病的獸醫，也能提高安全性。

第 6 章

療癒失去寵物的痛

如何治療喪失寵物症候群

為了讓狗狗陪伴在身旁的日子成為美好的回憶，盡情地發洩悲傷情緒吧。隨著時間過去，一定能克服喪失寵物症候群。

接受狗狗的離去，慢慢向前邁進

失去寵物的悲傷稱作「喪失寵物症候群」。為了將痛苦的離別化作回憶，首先飼主要接受愛犬的離去，重點在於要盡情發洩心中悲傷的情緒，因為表達「悲傷」能讓有狗狗陪伴的這段日子昇華為我們珍貴的回憶，成為重新振作的契機。

無怨無悔地為狗狗選擇治療以及終末照護的飼主比較不易陷入嚴重的喪失寵物症候群。在終末期竭盡所能地照護狗狗，能夠成為日後癒合傷痛的力量。

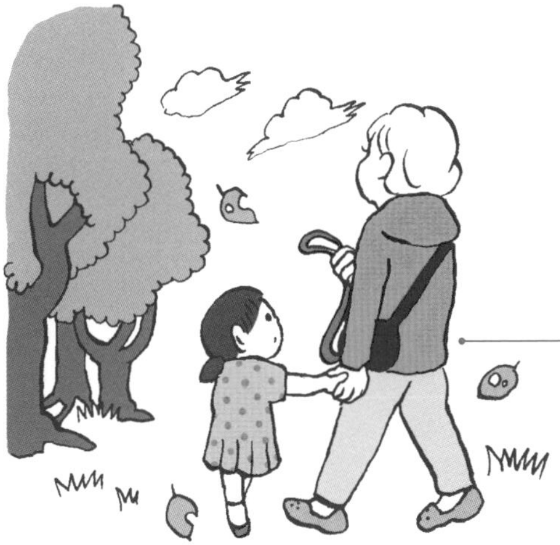

1
悲傷是所有人都會有的情感

失去寵物的悲痛，逐漸被社會大眾認同是人人都會有的正常情感，所以首先要肯定自己的悲傷。

尊重真誠的情感

不妨坦率地將情感表達出來吧。將與愛犬間的回憶寫下來，或是與他人分享也會是一種好方法。

2
不要逞強，盡力就好

失落的情緒可能會影響到日常生活。但是不需要逞強，以自己的步調前進就好，若有需要也可以與心理諮詢師聊聊。

花點時間重振精神

慢慢一步一步來，總有一天，愛犬此生的過往將會是你人生中美好的回憶。

整理情緒

向他人傾訴悲傷時，自己的想法和悲傷的原因也會變得更加清晰。

3
和有共鳴的人聊一聊

聽一聽曾經失去寵物的人之經驗，互相分享回憶也是個不錯的方法。一起遛狗散步的朋友等第三者的共鳴也能成為飼主振作的契機。

這是克服悲傷的第一步，可以採取的方法則是因人而異。

為了接受永別之苦的對話

走出悲傷，對愛犬心懷感謝

飼主在陪伴愛犬走完最後一程後，就要準備接受這份痛苦，從喪失寵物症候群之中走出來。

接受痛苦的方法有很多種。例如整理照片，用遺物或是狗狗毛髮製成紀念品，又或者是去探望埋葬於寵物靈園的愛犬；骨灰如果放在家裡，也可以供奉鮮花和祭拜牠們。重溫對愛犬的感謝之情，有助於整理飼主的心情。若是一起生活的家人都恢復精神的話，也能算是對狗狗的一種祭奠。

因為離別的痛苦而拒絕新的相遇是非常可惜的。就讓我們將與狗狗共度的幸福時光留存在記憶之中吧。

回憶有愛犬陪伴的幸福時光

讓新狗狗來撫慰失去愛犬的悲傷心情

為了從喪失寵物症候群的悲傷中走出來，也可以考慮迎接新的狗狗。失去愛犬的悲痛是飼主難以忘記或消除的情感，如果迎接新的狗狗，難免會「對愛犬感到愧疚」，或「因為離別太痛苦不再想養動物」。這些都是相當自然的情感，但其實新的相遇也能撫慰心靈。將過去與狗狗共度的日子留在心中成為美好的回憶，與新狗狗展開新生活也是一種幸福的形式。

卷末附錄

今日身體狀況紀錄

年　月　日　星期

體重　kg

體溫　℃

食用的飼料量

g

喝的水量

ml

排尿的次數與狀態

次數：　次

狀態：顏色→

氣味→

排便的次數與狀態

次數：　　　　　　　　　　　　　　次

狀態：顏色→
　　　硬度→

身體狀況

眼睛：眼白清澈・黑眼珠無混濁
　　　眼屎　有・無

鼻子：鼻水　有・無

身體：腰腿→
　　　呼吸→
　　　腫塊　有・無

MEMO

※　如有「從沙發上摔下來」、「吐了」等意外發生，就把發生的時間、次數及狀況記錄下來。

卷末附錄

高齡犬標準值數據

這份數據彙整了狗狗身體不適時容易出現異常的項目，例如體重、排泄狀態的正常值。

體重

過瘦：可以明顯看出肋骨和脊椎的狀態
標準：可以微微看見肋骨和脊椎的狀態
過胖：無法看出肋骨或脊椎的狀態

體溫

小型、中型犬：38.6～39.2℃
大型犬：37.5～38.6℃

食用的飼料量

70×體重的0.75次方可以計算出適合的熱量。用計算機①體重乘以3次，然後按「＝」。②按2次√‾，③乘以70，再乘以高齡犬對應係數※1.4。
（例）3kg→225kcal、4kg→280kcal、5kg→330kcal、6kg→375kcal

喝的水量

一天建議的飲水量

體重（kg）	飲水量（ml）	體重（kg）	飲水量（ml）	體重（kg）	飲水量（ml）
1	70	11	420	21	690
2	120	12	450	22	700
3	160	13	480	23	740
4	200	14	510	24	760
5	230	15	530	25	790
6	270	16	560	26	800
7	300	17	580	27	830
8	330	18	610	28	850
9	360	19	640	29	880
10	400	20	660	30	900

※　指能夠適度運動且自理日常生活的狗狗。係數要根據運動量，通常會落在0.8至1.4之間。

排尿、排大便的次數與狀態

排尿次數：24小時內至少1次
排便次數：每天1至3次
（視運動量而定）

尿液狀態：顏色→黃色且透明
糞便狀態：顏色→像牛奶巧克力的顏色
硬度→適中，與狗飼料差不多硬

身體狀況

眼睛：眼白清澈沒有黃疸，黑眼珠沒有白濁
（P68、70）

鼻子：沒有流鼻水或流鼻血
（P74、76）

身體：咳嗽→沒有咳嗽，沒有用嘴巴呼吸
（P86、88）
毛髮→左右對稱的脫毛（P80）
腰腿→後腳拖行，走路時脖子和腰部沒有上下擺動（P94）
沒有任何硬塊（P102）

結語

本書在日本自初版發行以來已經過了7年。在這段期間由於新冠疫情，我們的生活迎來了重大的轉變，與狗狗的生活也因此而出現變化。隨著在家時間的增加，或是決定搬到市郊居住等狀況，據說開始養狗的人也變多了。然而養狗並不是一種潮流或時尚，應該要有照顧其一生直至臨終的心態。為此，有些事可以從小狗時期就開始做，希望各位能配合生活方式，學習延長狗狗健康壽命的知識。

我和我的家人曾經多次經歷家中飼養的寵物出現健康問題時，不得不考慮到「終末照護」的問題。如此悲傷的現實有時是以月為單位，有些疾病甚至是以年為單位的緩衝時期。在現實之中，要做到無怨無悔地照護狗狗並不容易，就連飼主自身的意志也會動搖，難以決定治療的方法，有時甚至會陷入迷惘。當您面對到這樣的情況時，請務必翻開本書。

之所以承接本書的監修工作，不外乎是期盼我的知識和經驗，能為手持本書的各位提供些許幫助而已。

格拉斯動物醫院　小林豐和

國家圖書館出版品預行編目(CIP)資料

全方位圖解高齡犬照護：習慣養成×日常照顧×臨終準備，為愛犬設計安心無虞的老後生活/小林豐和監修；何姵儀譯. -- 初版. -- 臺北市：臺灣東販股份有限公司, 2024.12
168面；14.8×21公分
ISBN 978-626-379-654-6（平裝）

1.CST: 犬 2.CST: 寵物飼養

437.354　　113016334

INU NO MITORI GUIDE ZOUHO KAITEIBAN

全方位圖解 高齡犬照護

習慣養成×日常照顧×臨終準備，為愛犬設計安心無虞的老後生活

2024年12月1日初版第一刷發行

監　修　小林豐和
譯　者　何姵儀
編　輯　吳欣怡
特約編輯　曾羽辰
美術編輯　許麗文
發 行 人　若森稔雄
發 行 所　台灣東販股份有限公司
＜地址＞台北市南京東路4段130號2F-1
＜電話＞(02)2577-8878
＜傳真＞(02)2577-8896
＜網址＞https://www.tohan.com.tw
郵撥帳號　1405049-4
法律顧問　蕭雄淋律師
總 經 銷　聯合發行股份有限公司
＜電話＞(02)2917-8022